智能电能表通信协议及技术发展

沈　鑫　熊　峻　严　军　骆　钊　等编著

科学出版社

北　京

内容简介

本书内容包括智能电能表原理、设计及规范三大部分，首先阐述了智能电能表的定义、原理，以及智能电能表与智能电网的关系；接着介绍了智能电能表设计中的通信设计方案；最后通过引用文件叙述了智能电能表通信协议规范，主要包括通信架构、应用层架构、接口类与对象标识。

本书可作为电类（电工、电子、通信与信息、自动控制、计算机等）学科有关专业的硕士研究生教材，亦可供在该学科领域工作的科研和工程技术人员作为继续教育的教材或参考书。

图书在版编目(CIP)数据

智能电能表通信协议及技术发展 / 沈鑫等编著. —北京：科学出版社，2022.11

ISBN 978-7-03-073354-2

Ⅰ.①智… Ⅱ.①沈… Ⅲ.①智能电度表-通信协议 Ⅳ. ①TM933.4

中国版本图书馆 CIP 数据核字 (2022) 第 182322 号

责任编辑：叶苏苏/ 责任校对：彭 映

责任印制：罗 科 / 封面设计：墨创文化

科学出版社出版

北京东黄城根北街16号

邮政编码：100717

http://www.sciencep.com

四川煤田地质制图印刷厂印刷

科学出版社发行 各地新华书店经销

*

2022年11月第 一 版 开本：B5（720×1000）

2022年11月第一次印刷 印张：10 1/2

字数：212 000

定价：149.00 元

（如有印装质量问题，我社负责调换）

前　言

当前，经济社会的发展对电能的依赖程度日益增强，依靠现代信息、通信和控制技术积极发展智能电网，实现电网发展方式转变，已成为国际电力行业积极应对未来挑战的共同选择[1]。未来的智能电网将实现电网运行和控制的信息化、智能化，以改善能源结构，提升电能的利用效率，满足电力应用的各种需求，提高电力传输的经济性、安全性和可靠性。为实现市场响应迅速、计量公正准确、数据采集及时、收费方式多样、服务便捷高效，构建智能电网与电力用户电力流、信息流、业务流实时互动的新型供用电关系，满足电力企业各层面、各专业对用电信息的迫切需求，中国开始按照统一的技术标准和方案全力推进用电信息采集系统建设[2,3]。随着智能电能表功能的不断完善，用电信息系统推广不断深入。截至 2022 年，预测国内电网公司智能电能表的总体安装量达到 6.74 亿只，共计 5.63 亿用户。智能电能表的全面应用为电网公司实施“全采集、全覆盖、全费控”提供了强有力的技术支撑，同时智能电能表作为智能电网同电力用户交互的终端窗口，在维持电力交易公平、公正的前提下，还是用户感知和体验电网智能化成果最直接的途径。

另外，从智能电网推行到综合能源互联网全面建设，伴随着电力体制改革的推进，电力技术和电力业务也日新月异，分布式电源接入、“四表合一”、大数据应用、智能家居、电动汽车充换电等新型业务层出不穷，对传统营销业务提出了新的挑战，对智能电能表的功能提出了更高要求。与此同时，随着物联网、大数据、云计算、人工智能等技术的发展，电力大数据的非计量功能开始迎来研究热潮，营配业务贯通、配网运行管理水平提升、需求侧管理均依附于高质量的电能表数据而推进[4]。

随着电能表技术水平的不断发展和新形势的多重挑战，现有智能电能表已经逐渐不能满足新一代采集系统的需求，未来智能电能表亟待解决现有方案的不足[5,6]。数据采集的准确与否，不仅关系到电力投资者、经营者的经济利益，同时也关系到每一个使用者的利益，用电信息采集的准确与否直接影响公司生产、运营监控分析和电能贸易。

智能电能表是由测量单元、数据处理单元、通信单元等组成的，具有电能量计量、数据处理、实时监测、自动控制、信息交互等功能。随着智能电网的发展，智能电能表成为智能用电信息采集和控制的主要终端设备，已在全国范围内大规模推广应用。智能电能表是主要电能计量器具，关系到电力交易双方的经济利益，其设备质量和运行可靠性至关重要[7]。

本书在低碳经济、绿色节能及可持续发展思想的推动下，针对如何进一步提高电网效率，积极应对环境挑战，提高供电可靠性和电能质量，完善电力用户服务，适应更加开放的能源及电力市场化环境需要等方面，对未来电网的发展提出了新的看法，并且本书在《电能信息采集与管理系统》（DL/T 698—2010）第 4～5 部分的基础上，增加了部分自定义标识，对今后智能电能表的通信协议发展有很大的借鉴意义。

本书在国家重点研发计划项目“复杂用电工况下的电量在线计量技术研究”（2016YFF0201202）的研究成果基础上，重点探讨和分析无功功率/无功电能、谐波计量的高精度计量技术，开发计量标准装置，为建立和推广无功计量、非线性负荷计量及体系做技术准备。

本书主要取材于上述项目的理论和技术研发及应用成果。这些成果凝聚了项目组成员的心血，参加本书编写工作的有：沈鑫、熊峻、严军、骆钊、陈昊、赵静、何兆磊、李鹏、余恒洁、龙丽、巴挺杰、张建伟、杨铮宇、何明跃等，以及招收的 2018～2021 级大部分硕士研究生和博士研究生。全书由沈鑫统稿、修订和校正。

此外，对本书所引用文献的作者表示谢意。

“独学而无友，则孤陋而寡闻”，若本书有任何不当之处，希望读者及时向我们反馈，请您相信，所有作者一直都在为完善本书而努力。

目　　录

第1章 智能电能表

1.1 智能电能表定义

目前，国际上对智能电能表的定义还不统一，也没有提出被大家广泛认可的国际标准。对智能电能表的定义主要是针对它所具有的功能，由于各地区所研究使用的智能电能表的功能不尽相同，所以对其的定义也就不一样。

欧洲智能表计联盟在定义智能电能表的时候主要是通过描述电能表的特性，认为智能电能表除了能够对电能信息进行基本的计算和处理以外，还应该具备较强的通信能力，能够支持实时双向的通信，这样就能很方便地实现供电部门与用户的信息共享，用户可以方便地获取各种用电信息。此外，欧洲智能表计联盟认为智能电能表还应该提供能源优化管理这方面的服务。

美国需求响应和高级计量联盟则指出智能电能表应该实现以下功能：

(1) 可以计量不同时间段内的用电数据，方便实现分时电价；

(2) 能够支持多种方式的电价交易，在电力市场中占据重要地位；

(3) 允许具备电力以外的功能，有更全面的服务范围和更好的用户体验；

(4) 可以使电力运行部门的服务更完善，质量更高。

在国内，对智能电能表的定义是这样的：其主要功能部件可以对电能信息进行实时的计算、备份、解析并具有自主分析本领的测量仪表。一般来说，智能电能表对数据的采集和处理方面的能力很出众，这也是智能电能表最基本的特征。另一方面，它也具有一定的智能性，能够进行显示和操作，即可进行人机交互。在此基础上，智能电能表的概念就显而易见了，即用于测量电能的智能仪表，进一步阐述，即以微处理器为核心的电子式多功能电能表。近年来，智能电能表的功能更加全面，如具有通信功能、具有多用户计量功能、可以对特定用户进行计量等。

智能电能表是智能电网高级计量体系中的重要设备，智能电能表作为智能电网的智能终端，是一种新型电能表，可实现多种用电参数的精确计量。在电费收取方面，智能电能表打破了传统的模式，采用预付费的方式，在表内的剩余金额过少时，电能表会通过光或声等方式提醒用户金额不足，需要及时购买。用户持集成电路卡(integrated circuit card，IC 卡)到供电部门交款购电，供电部门用售电管理机将购电量写入 IC 卡中。当表内剩余电量等于报警电量时，拉闸断电报警(或通过蜂鸣器报警)，此时用户在感应区刷卡(卡中有预先存入的电费)即可恢复供电，供电后将卡拿走；当剩余电量为零时，自动拉闸断电，用户必须再次持卡交费购电，才可以恢复用电，有效地解决了上门抄表和收电费难的问题。同时，智能电能表可通过设置多种费率来有效地调节电网负载平衡，实现削峰填谷，使用户的用电效率得以显著提高。智能电能表除具备基本的计量功能外，相比普通电能表，它还能提供更加详细的能耗情况，与电力局的用电管理系统实现双向交互，帮助电力局监控、管理用电和计费收费[8-10]。同时，智能电能表还可连接家中正在使用的智能家电，根据分时电价，有效地组织电能消费，尽量减少高峰时期高价电的消费，最终对电能起到调节负荷的作用，减少电厂建设需求，节约能源；它还具有双向多种费率计量功能、多种数据传输模式的双向交互功能、用户端控制功能、防窃电等智能化的功能，智能电能表代表着未来节能型智能电网用户智能化终端的发展方向。

1.2 智能电能表结构及其网格的特点

1.2.1 智能电能表结构

智能电能表主要由测量单元、数据处理单元、通信单元三部分组成。

测量单元主要进行电能的测量，完成对电能数据的实时采集。

数据处理单元能够对采集到的信息进行集中处理，将采集到的电压和电流信息转化成与电能成正比的脉冲输出，并经过单片机进行处理，最终转化为需要统计的各类用电量加以输出，实现费控功能。

通信单元的通信信道物理层是独立的，具有冗余配置，支持 RS485 通信、红外通信、载波通信、公网通信模块，各类不同模块之间遵循《多功能电能表通信协议》（DL/T 645—2007）。

目前，智能电能表的研究和设计一般都基于下面两种硬件架构。

第一种是使用通用芯片来架构。在智能电能表的设计当中，往往引进随机存取存储器（random access memory，RAM）、数字信号处理（digital signal processing，DSP）、现场可编程逻辑门阵列（field programmable gate array，FPGA）等比较高端的硬件，这些芯片具有更快的处理速度和更加全面的功能，这使得电能表的设计更加灵活多变，这些高端硬件的引入，大大改变了原有的电能表设计的架构。

第二种是采用专用计量芯片加处理器的架构。这种架构将数据的采集运算和数据的后期处理分离开来，由专用电能计量芯片对电网数据进行采集，计算有功、无功等，然后通过指定的通信方式，将数据传送给电能计量芯片，再对数据进行存储显示等操作。这种设计架构比第一种方案更加灵活，而且现在专用的电能计量芯片很多，功能也很强大，可以大幅度地降低设计的复杂度。

图 1-1 所示的智能电能表采用第二种设计架构，即专用计量芯片加微控制单

元(microcontroller unit，MCU)的架构。

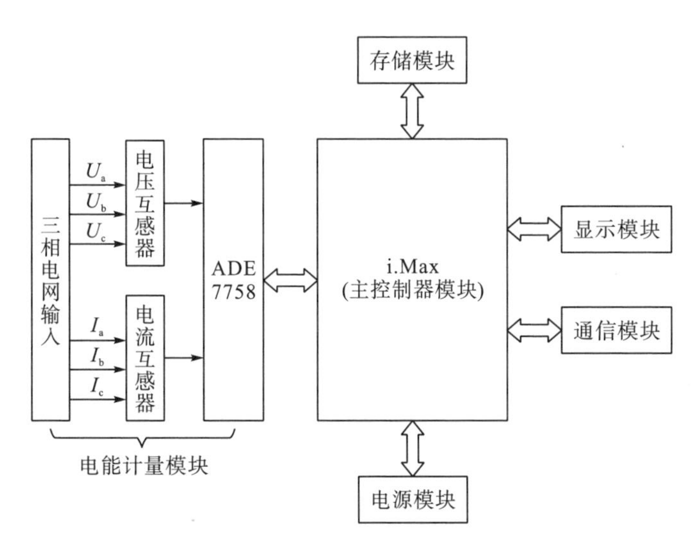

图 1-1　智能电能表结构图

注：U_a、U_b、U_c为三相电压输入；I_a、I_b、I_c为三相电流输入。

从图 1-1 中可以看出，智能电能表大体上可以分成 6 个功能模块，分别是电能计量模块、电源模块、通信模块、存储模块、显示模块和主控制器模块。这里选用 i.Max 作为主控制器，负责读取电能计量数据并进行后续处理、自动化管理和数据通信等。电能计量模块的芯片则选用专用电能计量芯片 ADE7758，负责数据的采集和运算。

(1) 主控制器模块。i.Max 是整个智能电能表的核心，与其他 5 个模块均有连接，在电能计量方面，最终的用电量是在 i.Max 中累加完成的，此外，i.Max 还负责监控电源电路等。

(2) 电能计量模块。电网的电压和电流通过由电压互感器和电流互感器组成的调理电路，转变成能处理的电压信号，输入通道最终接受的都是电压信号，峰值不超过额定最大值，可同时兼容三相三线制和三相四线制两种不同的电力网络。

(3) 电源模块。电源模块为整个系统中各个模块供电。

(4) 显示模块。显示模块将指定的信息显示在显示器上，具体包括各种电力参数和通知信息等，实现人机互动功能。

(5) 通信模块。通信模块包括采用协议的网络通信以及本地通信。通信模块是电能表的核心，通过它完成组网，可以实现多种功能。此外，通信可以实现与智能插座、智能电器等设备的通信，进行用电规划和控制。

(6) 存储模块。该模块可以实现数据的存储和调用。

1.2.2 智能电能表及其网络的特点

智能电能表的主要特点包括：

(1)电子式平台；

(2)集成通信技术；

(3)支持远程断、供电；

(4)电能质量数据(电压、电流、功率因数、频率、停电信息)；

(5)高级窃电检测；

(6)远程配置；

(7)远程升级；

(8)内部扩展接口，可扩展更多功能。

1.3 需求分析与设计思路

1.3.1 应用需求分析

本节从业务场景、业务应用及业务模式三个方面对新形势下智能电能表应用需求的转变进行分析。

业务场景方面，新型负荷和微电源的出现，使智能电能表计量对象呈现多样化，既包括常规居民用户，也包括使用电动汽车(electric vehicle，EV)充电桩、分布式光伏发电的居民用户，及小区集中式光伏发电、集中式充电桩等。

业务应用方面，随着电力体制改革和用户需求的提升，电能表业务应用不再局限于营销计费，电网公司与用户供需互动、服务深化、营配融合支撑配网运行等更多业务应用涌现。

业务模式方面，在电力物联网“云管边端”的建设架构下，充分利用物联网技术，建立物联网数据采集通道，构建感知与汇集体系，建立电网资产物联网。智能电能表部署在边端，一方面需要兼容多种通信资源，架起上传下达的桥梁，另一方面也要具备边缘计算能力，使用云端协同提升业务支撑能力。

1.3.2 功能需求分析

本节从电网业务出发，分析智能电能表的功能需求。

由于新负荷倒逼及售电体制改革推进，营销业务已全然不同，营销业务亟待智能电能表实现多功能计量及多样化计费。

社会进步要求供电服务水平跟上时代的步伐，加强用户双向互动，网上营业厅、微信、支付宝、小程序(App)等多渠道服务手段建设完善，实现智能电能表与居民互动的基础在于掌握户内的精细化用电数据，要求智能电能表具有非侵入式负荷辨识能力。

电力供需互动不仅是信息互动，更多是业务互动，负荷自动控制、电动汽车有序充放电等要求智能电能表不仅具备本地分解计算能力，同时支持双向多功能通信，既能上行通信，也能下行通信。

在电力物联网建设模式下，构建云端协同模式提升业务处理能力，营配融合、电网供需互动等复杂业务功能需求要求智能电能表在提升采样频率和采样精度的同时，增加数据聚合、数据清洗、事件触发等更多本地处理功能。

1.3.3　电能表总体设计

本书基于应用需求和功能需求，进行智能电能表的总体设计。

设计思想上，基于 IR46 标准建设，采用模块化设计思路，各个模块物理隔离，松耦合关联，既保证法制计量部分的独立性，同时也保障各相关模块的协调配合性。

模块设计上，综合业务需求分为四大芯，分别是计量芯、管理芯、辨识芯、负控芯，各芯片模块功能定位明确。计量芯为基表，主要承担电能计量任务；管理芯承担整表的管理任务；辨识芯承担用户负荷细粒度分解功能；负控芯承担 EV 有序充放电和负荷控制任务。

电能表软件可升级，管理部分采用模块化设计，部分硬件功能模块可插拔，软件功能可独立在线或远程升级。

电能表硬件组态可插拔，计量芯与管理芯为标配，辨识芯和负控芯根据应用场景的需求进行选配，各模块功能独立，可在不更换电能表的前提下，实现硬件模块更换、功能升级等，降低表计更换成本。

1.4　未来发展趋势

智能电能表作为测量电能的专用仪表，被广泛应用于世界各国的各个电能贸易结算与监测领域，成为电能计量管理现代化的基础。在我国，智能电能表是智能电网的一个基本单元，为用电信息采集系统提供了丰富的数据资源，向公司生产、运营监控分析系统提供实时数据，充分发挥了电网智能化支撑作用。新材料、新技术、新工艺的不断发展和应用，促使未来智能电能表技术朝着国际化、标准化、智能化、数字化、精确化、安全化的方向发展，逐步实现智能电能表技术水平的新飞跃。

面对新形势下的多重挑战，现有智能电能表已经逐渐不能满足新一代采集系统的需求，未来智能电能表亟待解决现有方案的不足。基于 IR46 提出的“有关电能计量的关键部分，无论是软件或者硬件，都应不受电能表其他部分影响或影响其他部分”，我国也在积极研制双芯智能表，将计量部分与非计量部分独立设计。表计计量部分选择采用更高标准的元器件、更优化的软件程序与更可靠的计量外围电路结构，实现双芯智能电能表计量部分高精度、低功率因数计量的要求，应用宽动态的计量芯片设计方案，优化数字校准技术，保证双芯智能电能表计量部分的高准确性、高安全性、高可靠性和高一致性。表计非计量部分采用软件模块化设计，将计量部分与非计量部分隔离，即将显示模块、通信模块、负荷曲线模块等独立设计，并使得智能电能表软件支持对各模块的独立升级，确保在扩展或更改非计量部分软件程序时表计计量功能不会受到影响。智能电能表的双芯设计，可在不更换智能电能表的前提下，更好地适应电力体制改革以及满足日益增长的用户功能需求，降低运维成本，实现资源合理配置[11-14]。在进行了前期的调研及深入研究后，本书研制出兼容和支持各种通信资源，能够实现法制计量和管理功能独立运行的双芯智能电能表。

第2章　智能电网与智能电能表

2.1　智能电网及其关键技术

目前，对智能电网的研究和探索都处于起步阶段。由于发展环境和驱动因素不同，各国根据自身国情对智能电网的需求和考虑也不尽相同，因此智能电网尚未有一个统一、明确的定义。从广义上来说，智能电网是建立在集成的、高速双向通信网络的基础上，通过先进的传感和测量技术、设备技术、控制方法以及决策支持系统的应用，实现电网的可靠、安全、经济、高效、环境友好和使用安全的目的，提供满足用户需求的电能质量，允许各种不同发电形式的接入，启动电力市场以及资产的优化高效运行。尽管智能电网尚有待于规范定义，但是智能电网有别于常规电网的几个主要特征，已逐步形成共识[15]。

(1) 自愈的电网(包括对事故的预测与决策)。通过实时采集电力系统的动态信息，及时发现并快速诊断可能存在的隐患，预测故障及其可能引发的系统震荡和级联事件，进行风险评估并且采取预防和校正控制手段，如将大电网按照风险等级适当分区等；当故障发生后，迅速把电网中有问题的元件从系统中隔离出去，并自动进行必要的事故控制和恢复控制，保证用户供电的连续性，防止大面积停电的发生。

(2) 互动的电网。与传统的单向电网相比，智能电网将实现需求侧响应功能，鼓励用户参与电力系统的运行和管理。电力供应方与用户间建立双向实时的通信系统，可实时通知用户其电力消费的成本、实时电价、电网目前的状况、计划停电信息以及其他一些服务的信息，用户也可以根据这些信息制定自己的电力使用方案，有助于平衡供求关系，确保系统的可靠性。

(3) 安全的电网。智能电网的安全策略包含应付威慑、预防、监测和反应，以尽量避免和减轻事故对电网和经济的影响。智能电网需要通过加强电力企业与政府之间的密切沟通，并且在电网规划中强调安全风险，加强电网运行安全和网络安全等手段，提高智能电网抵御风险的能力。

(4) 优质的电网。新型的智能电网可提供满足不同用户需求的优质电能，并且能对电能质量进行分级和价格联动。

(5) 高效的电网。通过高速通信网络实现对运行设备进行在线状态监测，获取设备的运行状态，提高单个资源的利用效率，整体优化调整电网资产的管理和运行，实现最低的运行维护成本及投资。

⑹市场化的电网。智能电网通过市场上供给和需求的互动，将形成更为紧密与高效的市场行为模式；通过有效的市场设计，可以提高电力系统的规划、运行和可靠性管理水平，从而促进电力市场的自由买卖以及公平竞争。

⑺兼容的电网。智能电网打破了传统单一的远端集中式发电，可实现集中发电与分散发电的兼容。各种可再生能源分布式发电和储能系统以“即插即用”的形式接入，扩大了系统运行调节的可选资源范围，满足电网与自然环境的和谐发展。

⑻多元化的电网。以输配电网为物理实体，以集成、高速、双向的通信网络信息系统为平台的智能电网，将电力系统的监视、控制、维护、能量调度、配电管理、市场运营、企业资源计划等系统统一集合在智能电网大平台上，在此基础上实现各种业务的交互与集成。

智能电网主要需要下面几个方面的技术支撑来实现其功能。

1. 先进的电网设备技术

智能电网应具有灵活坚强的拓扑，而先进的电网一次设备是智能电网实现的物理基础。以下 4 类电网设备技术发展值得关注：再生能源发电和运行技术、电力电子技术、大容量储能技术、超导技术，具体包括大功率风力发电和太阳能发电场的建设和运行，高压、特高压直流输电和灵活交流输电技术，高压变频与同步开断技术，配电系统中的柔性交流输电系统(flexible AC transmission systems，FACTS)技术，以及各种新型储能技术和超导输电技术等。应当指出，超导输电技术对于低能耗大容量输电具有重要意义，而电力电子技术和新型储能技术对提高输配电网的可控性和稳定性作用重大，可使风能等新能源引起的发电功率和频率不稳定等问题得到解决。另外，在配电系统中的新型储能设备，如混合动力汽车充电站及充电电池，也是目前智能电网研发的热点[16-20]。

2. 参数量测技术

参数量测技术是智能电网获取信息的基础，通过先进的参数量测技术获得数据并将其转换成数据信息，以供智能电网的各个方面使用。通过参数量测可以评估电网设备的健康状况和电网的完整性，进行表计的读取、消除电费估计以及防止窃电，缓减电网阻塞以及与用户进行沟通。同时，测量系统可以动态地测量和计算电力系统的运行状态相量和发电机功角，以实时的方式评估正常和故障时的系统状态并执行有效的动态控制。此外，还有在线监测电网设备的电流、电压、相角、功率、功率因数以及电气设备中的介质的压力、流量、气体成分、温度等运行状态量和非电气量，采用先进的传感器通过对以上各状态量的监视，可完成电网设备的在线诊断，为实施电网设备的状态检修和管理提供必要的信息。

3. 智能电网通信技术

智能电网数据的获取、保护和控制都需要通信系统的支持。高速、双向、实时、集成的通信系统使智能电网成为一个动态的、实时信息和电力交换互动的大型基础设施。当这样的通信系统建成后，智能电网通过持续不断地进行自我监测和校正，应用先进的信息技术实现其最重要的特征——自愈特征。高速双向通信系统使得各种不同的智能电子设备、智能表计、控制中心、传感器、保护系统以及需求响应系统等进行网络化的通信，提高对电网的驾驭能力和优质服务的水平。对于通信技术而言，需要重点研究两个方面的技术：①开放的通信架构，形成一个“即插即用”的网络平台，使电网元件之间能够进行网络化的通信；②统一的技术标准，它能使所有的传感器、智能电子设备以及应用系统之间实现无缝的通信，也就是信息在所有这些设备和系统之间能够得到完全的理解，实现设备和设备之间、设备和系统之间、系统和系统之间的互操作功能。

4. 信息管理系统

智能电网中的信息管理系统应主要包括信息采集与处理、信息分析、信息显示、信息安全 4 个功能。①信息采集与处理主要包括详尽的实时数据采集系统、分布式的数据采集和处理服务、智能电子设备资源的动态共享、大容量高速存取、冗余备用、精确数据对时等。②信息分析是将采集和处理后的信息进行系统分析，形成智能决策，为管理决策层提供有效的参考，满足跨业务系统的综合查询服务，是开展电网相关业务的重要辅助工具。信息分析主要包括发电—输电—配电—需求侧之间的业务分析以及负荷管理、发电计划、停电管理、资产管理、风险管理、市场运作、营销管理、财务管理、人力资源管理等业务模块间的分析。③信息显示为不同的用户提供个性的可视化界面，需要合理运用平面显示、三维动画、语音识别、触摸屏、地理信息系统等音频和视频技术。④信息安全指智能电网必须形成综合、立体的网络安全技术防护体系，采取横向隔离、纵向加密、网络防护、病毒防御等技术措施来保护电网信息安全。

5. 智能调度技术

智能调度是智能电网建设中的重要环节，为适应大电网、特高压以及智能电网的建设、运行、管理要求，实现调度业务的科学决策、电网运行的高效管理、电网异常及事故的快速响应，必须对智能调度技术加以分析和研究。智能调度的实现需要包括一体化模型管理、海量信息处理、可视化展现、地理信息接入等技术的支撑。这些技术为智能调度提供模型、数据库、图形和数据等公共服务，是智能调度应用功能建设的基础；智能调度运行控制方面的关键技术包括稳态、动态、暂态预警，安全防御，自愈控制，有功和频率控制，无功和电压控制等，这些关键技术体现了智能电网坚强可靠的特征，为大电网的安全稳定运行提供技术保障；一体化调度计划运作平台和大型可再生及分布式能源接入控制技术体现了智能电网的经济性与灵活性，为灵活的大规模可再生与分布式能源的接入提供技术支持。

6. 分布式能源接入技术

分布式电源(distributed electric resource，DER)的种类很多，包括小水电、风电、光伏电源、微型透平发电、燃料电池和储能装置等。由于大多数DER均接近配网的负荷中心，降低了对电网扩展的需要，提高了供电可靠性，因此得到广泛采用。大量的分布式电源并于中低压配电网上运行，彻底改变了传统的配电系统单向潮流的特点，要求系统使用新的保护方案、电压控制和仪表来满足双向潮流的需要。通过高级的自动化系统将分布式电源无缝集成到电网中并协调运行，不仅带来巨大的效益，也为系统运行提供了巨大的灵活性。例如，在大电网遭到严重破坏时，这些分布式电源可自行形成孤岛或微网，向重要用户提供应急供电。分布式发电具有波动性和间歇性的特点，若控制不当，容易对电网产生冲击。在发展智能电网的同时，不得不考虑分布式发电的并网技术、控制技术、安全管理等问题，最大限度减小分布式电源并网运行对电网带来的影响。

2.2　智能电网对采集系统的要求

2.2.1　采集对象的分类

智能电网用电信息采集系统的采集对象为全部电力用户，包括各个级别专变用户、工商业与居民用户、公用配电考核计量点。按照各省级电力信息采集系统建设情况，部分偏远地区或不便于布线的地区还未全部实现电能信息的自动化采集任务。在前期系统建设需求的研究中，将电力用户分为6类，包括大型专变用户、中小型专变用户、三相一般工商业用户、单相一般工商业用户、居民用户、公用配变电考核计量点，考虑现场用电与计量的实际应用情况，可进一步细化如表2-1所示。

表2-1　采集对象详细分类标准

采集对象	分类标准	用户标识	供电方式	用电情况	采集业务需求
大型专变用户(A类)	容量在100kVA及以上的专变用户	A1	高压供电	用户多路专线接入，有专用变电站	安装变电站电能量采集终端，直接采集或者通过主站接口从调度电能量采集系统获取转发数据
		A2	高压供电	专线供电，在变电站计量的高供高计用户	在变电站安装电能量采集终端，直接采集或者通过主站接口从调度电能量采集系统获取转发数据；在用户端安装专变采集终端进行用电负荷控制

续表

采集对象	分类标准	用户标识	供电方式	用电情况	采集业务需求
		A3	高压供电	单回路或双回路高压供电的专变用户，高供高计或高供低计，通常有多个计量回路	在用户端安装专变采集终端实现抄表和用电负荷控制
中小型专变用户(B 类)	容量在 100kVA 以下的专变用户	B1	高压供电	50kVA 以上高压供电的专变用户，用电计量分路较少	在用户端安装专变采集终端实现预付费控制和自动抄表
		B2	高压供电	50kVA 以下高压供电的专变用户，单回路计量，两路以下的用电分路	在用户端安装专变采集终端实现预付费控制和自动抄表；或者安装配备远程通信并输出跳闸信号的电能表，由其来执行预购电控制
三相一般工商业用户(C 类)	执行非居民电价的三相电力用户	C1	低压供电	配置计量电流互感器（current transformer，CT）的用户，容量大于 50kVA	在用户端安装专变采集终端实现抄表和用电负荷控制；或者安装配备远程通信模块的电能表直接远程通信并输出跳闸信号或者低压集中抄表，独立表箱布置，电能表输出跳闸信号，需要配置跳闸装置
		C2	低压供电	配置计量 CT 的用户，容量小于 50kVA	低压集中抄表，独立表箱布置，电能表输出跳闸信号，需要配置跳闸装置来执行预购电控制
		C3	低压供电	直接接入计量的三相非居民电力用户	低压集中抄表，配置跳闸继电器的电能表执行预购电控制
单相一般工商业用户(D 类)	执行非居民电价的单相电力用户	D1	低压供电	单相非居民用户，直接接入方式计量	
居民用户(E 类)	执行居民电价的用户	E1	低压供电	配置计量 CT 的三相居民用户，容量通常大于 25kVA	低压集中抄表，独立表箱布置，需要配置跳闸装置来执行预购电控制
		E2	低压供电	三相居民用户，直接接入方式计量	低压集中抄表，配置带跳闸继电器的电能表执行预购电控制，电能表单独带有本地通信通道
		E3	低压供电	城镇单相居民用户，独立表箱，直接接入方式计量	
		E4	低压供电	农村单相居民用户，独立表箱，直接接入方式计量	
公用配变电考核计量点(F 类)	统调发电厂内的上网关口	F1	低压供电	关口计量点在发电厂侧	在发电厂安装电能量采集终端，直接采集；或者通过主站接口从调度电能量采集系统获取转发数据
	非统调发电厂内的上网关口	F2	低压供电	关口计量点在发电厂侧	
	变电站内的发电上网或网间关口	F3	低压供电	关口计量点在变电站	在变电站安装电能量采集终端，直接采集；或者通过主站接口从调度电能量采集系统获取转发数据

续表

采集对象	分类标准	用户标识	供电方式	用电情况	采集业务需求
	省对市、市对县下网关口，考核和管理计量点	F4	低压供电	考核计量点在变电站	
	公用配变考核关口	F5	配变关口	配置计量 CT 的配变考核计量点	通过 RS485 接口直接接入集中器实现自动抄表或直接在集中器集成交流采样功能，实现计量和配变监测

2.2.2 采集数据项要求

国家电网公司企业标准《电力用户用电信息采集系统设计导则第三部分：技术方案设计导则》(Q/GDW 378.3—2009)将用电信息采集用户分为 6 类：大型专变用户、中小型专变用户、三相一般工商业用户、单相一般工商业用户、居民用户、公用配变考核计量点，6 类采集对象的采集数据项要求如表 2-2 所示。

表 2-2 采集数据项要求

采集对象	数据类别
大型专变用户	电能数据：总电能示值、各费率电能示值、总电能量、各费率电能量、最大需量等 交流电气量：电压、电流、有功功率、功率因素等 工况数据：开关状态、终端及计量设备工况信息 电能质量：电压、功率因素、谐波等越限统计数据 事件记录：终端和电能表记录事件的记录数据 其他数据：预付费信息、负荷控制信息等
中小型专变用户	电能数据：总电能示值、各费率电能示值、总电能量、各费率电能量、最大需量等 交流电气量：电压、电流、有功功率、功率因素等 工况数据：开关状态、终端及计量设备工况信息 事件记录：终端和电能表记录事件的记录数据 其他数据：预付费信息等
三相一般工商业用户	电能数据：总电能示值、各费率电能示值、最大需量等 事件记录：电能表记录事件的记录数据 其他数据：预付费信息等
单相一般工商业用户	同三项一般工商业用户
居民用户	电能数据：总电能示值、各费率电能示值、最大需量等 事件记录：电能表记录事件的记录数据 其他数据：预付费信息等
公用配变考核计量点	电能数据：总电能示值、总电能量、最大需量等 交流电气量：电压、电流、有功功率、无功功率、功率因素等 工况数据：开关状态、终端及计量设备工况信息 电能质量：电压、功率因素、谐波等越限统计数据 事件记录：电能表记录事件的记录数据

2.2.3　通信信道适用范围

通信网络是信息交互的承载体，其主要功能是实现采集到的数据在主站与采集终端、电能表等采集与处理设备间传输。通信网络通过一定的协议或指令将数据进行传输，网络的通畅是用户用电数据信息能够从接收端传送到主站的前提条件。因此，通信网络系统是用电信息采集系统中至关重要的一个环节[21]。

用电信息采集系统的通信方式根据信息传输通道的不同分为远程通信和本地通信。远程通信是指系统主站和采集终端之间的数据通信[22]。由于用户端与主站之间的距离较长，并且用户数量较多，因此远程通信主要由无线通信网络构成，其主要方式有通用分组无线服务(general packet radio service，GPRS)/码分多址(code division multiple access，CDMA)无线公网通信、230MHz 无线专网通信等，如果传输条件和资金允许，也可以采用光纤通信。本地通信网络是指现场终端与计量电能表之间的数据通信，其传输方式既可以采用有线通信，也可以采用无线通信，主要包括电力线载波通信、RS-485 总线通信、微功率无线等。

1. 远程通信

远程通信可分为公网通信信道和专网通信信道。公网通信信道指的是电力有关部门租用通信运营商(主要包括移动、联通、电信三大运营商)建立的公共通信网络，主要包括 GPRS/CDMA 无线公网，面向整个社会。专网通信信道是指电力相关部门为满足自身通信需要并与公共信道相区分而建立的非公用通信信道，主要包括 230MHz 无线专网及光纤专网两大类，专用通信信道面向的对象是电力系统。

1)230MHz 无线专网

230MHz 无线专网通信模式简称 230 专网，面向国家电力部门，主要适用于大容量专变用户的电能信息采集和控制。230MHz 无线专网是国家无线电委员会为电力负荷控制批准的专用的网络频段，保证了在该频段内信息仅电力部门可见，230MHz 频段的使用权仅为国家电力所有。该频段一共包括 30 个双工频点(两个双工频点构成一对)和 10 个单工频点，230MHz 无线专网在空气中传输数据，随着科技的进步，天气的变化对该网络的信息传输的干扰越来越小。由于该频段为国家电力专用网络，其编码规则、通信设备、报文通信加密由国家进行严密的管理和控制，因此，230MHz 无线专网的安全性较高。控制用电终端与主站之间的通信响应最小间隔小于 0.5s，响应时间快。

由于 230MHz 无线专网采用无线传输，为了提高数据传输的精确度，提高传输速度，因此对地形有较高的要求。该无线网络适用于地势相对平坦的地区，对于丘陵地区及山区，可采用中继组网方式。在组网时，主站、中继站(分站)应采用双机双工模式，并具有切换功能。

2) 光纤专网

光纤专网在电力行业的应用是我国智能电网发展的主流方向，原理是以光导纤维作为传输介质，组成用电信息采集系统的光纤通信网络。光纤通信是以光为载波，利用纯度极高的玻璃拉制成极细的光导纤维作为传输媒介，通过光电变换，用光来传输信息的通信系统。光纤专网信息传输容量大，可以满足用电信息采集系统中大数据的传输，其强大的抗干扰能力，保证了用电信息的可靠性和完整性。目前国内对于光纤通信的研究已逐步成熟，并且已经在电力系统中开始大规模实施。例如，电网内 35kV 及以上变电站基本具备骨干光纤通信网络，长江三峡工程中的长距离输电主干采用了光纤复合架空地线(optical fiber composite overhead ground wires，OPGW)光缆线路等。国网公司铺设的光纤专网是电网专用的网络，避免了在电磁兼容、资源共享、信息传输等方面与外界的交换和干扰。光纤专网传送数据速度快，信息的安全性和可靠性高，抗干扰能力强，因此成为我国电网在建立用电信息采集系统中采用的一种重要的传输方式。

3) GPRS/CDMA 无线公网

GPRS/CDMA 无线公网通信是指国家电网租用移动运营商提供的面向社会大众的公用网络，服务对象是社会的各个组成部分。GPRS/CDMA 无线公网采用先进的分组交换技术，具有永久在线、快速登录、高速传输等特点。该网络系统不需要拨号连接，即使用户终端与主站之间没有数据信息的传输，用户也依然在网络上与主站之间保持着网络联系。GPRS/CDMA 无线公网的用户端一般只需要 1～3s 就可以取得与主站之间的联系，其响应速度较快，登录用时少。GPRS/CDMA 无线公网网络数据传输的速率高达 171.2Kbps①，传输速度较快。而在用电信息系统建设中，通过建立虚拟专用网络(virtual private network，VPN)以及终端设备配置固定的接入点(access point name)、互联网协议(internet protocol，IP)等参数手段，以此提高数据传输、互动的安全性。因此，采用 GPRS/CDMA 无线公网进行数据的传输，不仅灵活方便，而且省时、省力，提高了用电信息采集系统的实时性、可靠性和安全性。

2. 本地通信

本地通信主要用于用户终端与电能表之间的信息传输，主要分为电力线载波、RS-485 总线及微功率无线等通信方式，其中电力线载波通信又分为窄带和宽带两类。在同一低压台区中，不能同时应用宽带和窄带两种载波技术混合组网通信。

---

① 千位每秒(kilobits per second，Kbps)。

1) 电力线载波

电力线载波(power line carrier)主要指将电力信息通过载波的方式用语音或以数据方式在现场终端与电能表之间进行交流，其特点是节省物力，可以根据现有的电线电缆构建电力线载波系统。根据载波频率的范围，将电力线载波分为宽带载波和窄带载波两种通信方式。窄带载波通信采用键控调相调制模式，是由窄带 CDMA(CDMA IS95)技术发展而来的宽带 CDMA 技术。载波信号的频率范围为 3～500kHz，其中心频率一般为 76.8kHz。采用窄带通信方式时，可以利用现有的通信网络进行布设，安装简单方便，可以快捷地将电力通信网络延伸到低压用户侧。窄带载波通信的通信带范围较小，因此传输的信息量有限，传输速度较慢，但对传输硬件要求不高，构建窄带载波通信网络比较容易，并且铺设费用较低。因此，对于一些用电量需求相对较小的地区可以采用窄带载波通信。

宽带载波通信采用多载波调制方式，其载波频率大于 1MHz。由于其频带较宽，因此传输的数据量较大，通信速度较快，传输效率高，最高传输速率可达 200Mbps[①]，并且不易受外界信号的干扰。宽带载波通信主要适用于用户电能表相对集中的区域，并且可以实现远程预付费功能。由于其传输频率较高，因此解决信号在长距离传输中的衰减问题是宽带载波通信的关键。一般情况下，通常在远距离载波通信过程中加装中继设备解决信号衰减问题，但投入的资金较多。相比窄带载波通信方式，宽带载波通信传输速度更快，信息可靠性更高、抗干扰能力更强，其稳定性和安全性要优于窄带载波。

以上两种电力线载波通信网络都采用双向数据传输方式，并且都可以利用现有的电力线路进行铺设和组装，实现载波通信，从而实现用电信息的采集和控制。

2) RS-485 总线

RS-485 是美国的电子工业协会(Electronic Industries Alliance，EIA)在 RS-422 标准的基础上研发的一种总线标准，具有通信可靠性高、距离远和不受配电台区限制等特点，并能支持多节点的连接方式。目前，国家电网公司统一招标的智能电能表和采集终端设备均具备 RS-485 通信接口，一个终端的接口最大可以驱动 32 块智能电能表。在实际使用中，终端一个 RS-485 通信接口一般接 8 块表计，传输最大距离为 1200m 左右。若增加传输距离及接入容量，应加入中继器。该方式适用于智能电能表位置集中、用电负载特性变化较大的台区。

3) 微功率无线

微功率无线指中心频率为 503MHz，工作在 500～510MHz 频段，发射功率小于等于 20mW 的无线射频通信，也称为小无线。微功率无线主要应用于低压台

① 兆位每秒(megabytes per second，Mbps)。

区中集中器与采集器、集中器与智能电能表之间的数据传输，适用于电能表位置相对集中、用电负载特性变化较大的台区。

2.3 智能电能表的种类和功能

2.3.1 智能电能表的种类

智能电能表按照用户类型，可分为单相智能电能表和三相智能电能表；按照有无费控，可分为费控智能电能表和无费控智能电能表；按照费控方式的不同，可分为本地费控智能电能表和远程费控智能电能表[23-25]。

单相智能电能表，顾名思义，就是计量普通用户所使用的220V电的电能表。三相智能电能表，即计量工业上所使用的380V电的电能表。

本地费控智能电能表，即用户可使用IC卡缴费的电能表。远程费控智能电能表一般不安装在用户范围内，用户需到供电局缴费。

2.3.2 智能电能表的功能

一般来说，智能电能表具有如下功能。

1. 结算和账务

通过智能电能表能够实现准确、实时的费用结算信息处理，简化了过去账务处理上的复杂流程。

2. 支持浮动电价

智能电能表比传统电能表功能更加强大，它不仅能够准确计量，而且具有更广阔的测量范围和存储空间，还支持浮动电价的计算。智能电能表能够保存不同时标数据，并能对电能及电量数据进行实时测量与存储，还支持分时电价与实时电价的电能计量。

3. 双向通信功能

双向通信功能是智能电能表的一大新突破，它通过内置的通信模块，可以实现智能双向通信，完成用电用户与供电公司的互动通信。运用智能电能表，供电公司可以及时给用户发送相关信息，如及时电价、停电通知、来电提醒等。用户通过智能电能表可及时了解电网信息，清楚实时电价，掌握用电情况，知晓用电高峰期，帮助用户实现计划用电。智能电能表的双向通信使电能信息公开透明，不仅节省了用户电费，而且可以降低电网的负荷[26]。

4. 智能家电控制

智能电能表还可以运用在智能家电上，根据电价的变化，提前设定相关参数，就可以实现对家电的开关控制。对智能家电的控制，不需要用户支付任何附加费用，只要通过设置大功率家电的使用时间就可以节约用电，削减电网的高峰负荷，提升电网的低谷负荷。

5. 双向计量

对于用电大户，通过智能电能表提供的实时电价，就可以帮助用户合理地购买和分配电量，降低用户的用电量，使得用户的用电费用降到最低。英国有相关测试显示，通过运用智能电能表的双向数据反馈，有效地节约了用户的电费支出。相关测算显示：通过智能电能表来帮助优化用户的用电方式，一年可以为一个家庭减少 13%～15%的电费。如果英国有 2600 万个家庭使用智能电能表，20 年就可以减少 25 亿~36 亿英镑的用电支出，降低 3%~15%的能源消耗。这些数据为政府出台能源和环境政策提供了依据和指导。

6. 配网状态估计

通过在用户侧增加测量节点，将获得更加准确的负载和网损信息，从而避免电力设备过负载和电能质量恶化。通过将大量测量数据进行整合，可实现未知状态的预估和测量数据准确性的校核。

7. 电能质量和供电可靠性监控

采用智能电能表能实时监测电能质量和供电状况，从而及时、准确地响应用户投诉，并提前采取措施预防电能质量问题的发生。

8. 负荷分析、建模和预测

智能电能表采集的水、气、热能耗数据可用来进行负荷分析和预测，通过将上述信息与负荷特性、时间变化等进行综合分析，可估算和预测出能耗和峰值需求，促进合理用电、节能降耗及优化电网规划和调度等。

9. 电力需求侧响应

电力需求侧响应意味着通过电价来控制用户的负荷及分布式发电，包括价格控制和负荷直接控制。价格控制总体上包括分时电价、实时电价和紧急峰值电价，分别满足常规用电、短期用电和高峰时期用电的需求。直接负荷控制则通常由网络调度员根据网络状况通过远程命令来实现负载的接入和断开。

10. 能效监控和管理

通过将智能电能表提供的能耗信息反馈给用户，促使用户减少能源消耗或者转换能源利用方式。对于装有分布式发电设备的家庭，还能为用户提供合理的发电和用电方案，实现用户利益的最大化。

11. 用户能量管理

通过智能电能表提供的信息，可在其上构建用户能量管理系统，从而为不同用户(居民用户、商业用户、工业用户等)提供能量管理的服务，在满足室内环境控制(温度、湿度、照明等)的同时，尽可能减少能源消耗，实现减少排放的目标。为用户提供实时能耗数据，可以促进用户调节用电习惯，并及时发现由设备故障等产生的能源消耗异常情况。在智能电能表所提供的技术基础上，电力公司、设备供应商及其他市场参与者可为用户提供新的产品和服务，如不同类型的分时网络电价、回购电力合同、现货价格电力合同等。

12. 预付费

相对于传统的预付费方式，智能电能表能提供成本更低、更加灵活和友好的预付费方式。

13. 表计管理

表计管理包括：安装表计的资产管理，表计信息数据库的维护，对表计的定期访问，确保表计的正常安装和运行，确认表计存储的位置和用户信息的正确性等。

14. 负荷远程控制

通过智能电能表可实现负荷的整体连接和断开，也可对部分用户进行控制，从而配合调度部门实现功率控制；同时用户也可通过可控开关实现特定负荷的远程控制。

15. 非法用电检测

智能电能表能检测出表箱开启、接线的变动、表计软件的更新等事件，从而及时发现窃电现象。对于窃电高发区，通过将总表的数据和其下所有表计数据进行比对，也可及时发现潜在的窃电行为。

16. 其他

智能电能表能为用户提供电网故障、停电、电能质量、能耗、能效信息和推荐用电方案等增值服务，促进了能源市场的竞争，提高了电能的效率，并为频率、电压和无功功率控制等应用提供了技术条件。

2.4　智能电能表硬件设计

研究智能电能表双芯(即计量部分和管理部分)的功能划分和技术特征主要分成三个步骤实施，首先结合高级量测体系(advanced metering infrastructure，AMI)建设对智能电能表的要求，全面研究满足未来智能电网用电环节增量需求的智能电能表功能配置，建立完整的智能电能表功能配置需求清单；然后将与法制计量强相关的功能与法制计量弱相关的功能进行分析比较，确定双芯智能电能表计量部分功能配置清单和管理部分功能清单；最后从数据传输存储的安全性、远程升级可操作性、整机运行可靠性等角度提出双芯智能电能表软件和硬件的技术方案。具体的实施步骤如下。

根据《智能电能表功能规范》(Q/GDW 1354—2013)中电能计量、需量测量、冻结、事件记录、通信、显示、费控、阶梯电价、费率、负荷记录等众多功能，结合国内外计量、通信技术现状以及生产、经营、管理环节对电能表的要求，着重对智能电能表与用户的双向互动、智能家居系统接入、灵活响应电价政策等新增功能需求进行分析研究，梳理分析出新一代双芯智能电能表应该具备的功能配置清单。

逐一分析智能电能表功能配置清单中每个功能具体实现所需具备的硬件和软件需求，划分出与法制计量强相关的功能与弱相关功能。针对计量部分和管理部分分别设计独立的硬件电路和软件系统，以及两部分的交互接口和数据安全认证机制。研究计量部分时钟精度、计量芯片、存储容量、存储频率、测试接口等关键技术参数，计量部分与管理部分数据交互的安全认证方案以及管理部分软件系统平台对功能扩展支持性方案，确定双芯智能电能表硬件设计方案和软件整体架构，提出相应的技术参数和接口标准[27]。

多芯智能电能表功能丰富，扩展方式灵活，满足电力物联网多种应用场景，因此对智能电能表的硬件性能提出了更高的要求，相对传统智能电能表，多芯智能电能表硬件载体组织模式需要全新设计。

新一代智能电能表采用模块化松耦合式设计模式，整个电能表以管理芯为协调模块，以计量芯为基本模块，辅以其他应用芯，各个电路模块彼此独立，具有独立的中央处理器(central processing unit，CPU)控制，芯片之间采用通用异步接收发送设备(universal asynchronous receiver/transmitter，UART)及串行外设接口(serial peripheral interface，SPI)进行通信，并通过电气隔离保障。

2.4.1 计量芯电路模块

计量芯电路是智能电能表最重要的基础电路，主要实现电流、电压的采集、计量以及采样数据的传输。相比于以往的计量电路，新一代智能电能表的计量电路功能较为丰富，采用计量(片上系统)信号操作控制器(signal operation control，SOC)的设计方案，计量 SOC 的 CPU 处理能力强，采样精度高，模拟接口电路简单，通信接口功能丰富，功耗低，相关功能灵活可配置，极大地扩展了其功能应用。

外部实时电压、电流采样信号经过信号调理电路后输入到计量 CPU，计量 CPU 实现高频采样，并进行运算处理。数据交互电路设计，应用灵活可配置 UART1 串行通信口实现与管理芯 CPU 的信息交互；应用高速 SPI 接口实现负荷辨识芯的大量实时电流、电压数据的传输需求，支持负荷辨识芯、负控芯对高级算法分析需要。为了有效地降低输入的工频电压、电流对智能电能表的影响，计量芯电路模块与管理芯及辨识芯均采用光电隔离，防止信号干扰，增强系统的稳定性。

2.4.2 管理芯电路模块

管理芯电路模块是智能电能表的指挥中心，负责智能电能表运行的所有管理功能，如费控显示、数据通信、事件记录、数据冻结、负荷控制等。管理芯电路模块的突出特点为硬件集成度高、接口功能丰富，包括管理芯 CPU、人机交互电路、存储电路、通信电路、接口电路等。

人机交互电路包含按键和液晶显示等，液晶显示采用点阵液晶，显示信息丰富，按键实现电能表互动操作。

存储电路中，电擦除可编程只读存储器(electrically-erasable programmable read-only memory，EEPROM)电路负责存储电能表配置参数，其通过 IIC 接口与管理 CPU 通信；FLASH 电路提供控制程序存储，及升级程序的备用空间，通过 SPI 接口与管理 CPU 通信；同时管理 CPU 通过 7816 接口与嵌入式安全控制模块(embedded secure access module，ESAM)通信，实现安全认证等功能。

接口电路包括内外各类接口电路，对外通过 SPI 扩展 USB 接口，实现接口用于管理芯的快速在线升级和数据快速导出；对内通过 UART 串口与计量芯模块通信实现计量数据获取，与负控芯模块通信实现负荷控制等，与辨识芯通信实现辨识芯参数及结果的交互等。

通信接口电路，上行通信电路完成与主站的数据传输；通过下行通信模块实现集抄功能，并用于掌上终端进行数据交互等。

2.4.3 辨识芯电路模块

与管理芯相比，辨识芯电路主要配置高 CPU 芯及大容量存储，以满足负荷辨识算法复杂功能，外围接口电路通过 UART 串口与管理芯 CPU 通信，进行参数的配置和负荷辨识结果的交互；此外，还通过高速 SPI 接口获得计量 CPU 的实时采样电流、电压数据，然后进行数据分析和处理。

2.4.4 负控芯电路模块

负控芯电路模块主要实现有序充电策略管理、费控实现、智能断路器接口等负荷控制功能，电路整体架构与辨识芯类似。其中，负控芯 CPU 通过 UART 与管理芯 CPU 通信，实现负荷控制策略、费控实现等信息的交互；通过 UART 串口与蓝牙接口电路通信，通过蓝牙电路实现与智能断路器的接口，判断智能断路器状态，控制智能断路器的分合闸，实现电费付费控制。

负控芯电路模块规定了电能信息采集与管理系统主站、采集终端或电能表之间采用的面向对象且具有互操作性的数据传输协议，包括通信架构、数据链路层、应用层，以及接口类及其对象和对象标识。

负控芯电路模块适用于主站、采集终端、智能电能表之间的点对点、多点共线及一点对多点通信方式的通信数据交换。

第3章 智能电能表网络通信技术

3.1 智能电能表网络对本地通信的要求

计量芯作为基表，管理芯作为整表的一个功能模块，管理芯的电源需从计量芯取得。数据通信方面，综合考虑到智能电能表网络对本地通信的要求是本地通信信道，而本地通信信道的实现方式以电力线载波和 RS-485 总线两种方式为主。

电力线载波是电力系统特有的通信方式，电力线载波通信是指利用现有电力线，通过载波方式将模拟或数字信号进行高速传输的技术。该技术的最大特点是不需要重新架设网络，只要有电线，就能进行数据传递。

RS-485 采用半双工工作方式，支持多点数据通信。RS-485 总线网络拓扑一般采用终端匹配的总线型结构，即采用一条总线将各个节点串接起来，不支持环形或星形网络。

RS-485 采用平衡发送和差分接收，具有抑制共模干扰的能力。加上总线收发器具有高灵敏度，能检测低至 200mV 的电压，故传输信号能在千米以外得到恢复。有些RS-485收发器修改输入阻抗以便允许将多达8倍以上的节点数连接到相同总线。RS-485 最常见的应用是在工业环境下可编程逻辑控制器内部之间的通信。

3.2 智能电能表串行通信接口

串行通信接口按电气标准及协议来分，包括 RS-232、RS-422、RS485 等。RS-232、RS-422 与 RS-485 标准只对接口的电气特性做出规定，不涉及接插件、电缆或协议。

1. RS-232

RS-232 也称标准串口，是最常用的一种串行通信接口。它是在 1970 年由 EIA 联合贝尔系统、调制解调器厂家及计算机终端生产厂家共同制定的用于串行通信的标准，其全名是“数据终端设备(data terminal equipment，DTE)和数据通信设备(data communication equipment，DCE)之间串行二进制数据交换接口技术标准”。传统的 RS-232 接口标准有 22 根线，采用标准 25 芯 D 型插头座(DB25)，后来简化为 9 芯 D 型插头座(DB9)，现在应用中 25 芯插头座已很少采用。

RS-232 采取不平衡传输方式，即所谓单端通信。由于其发送电平与接收电平的差仅为 2～3V，所以其共模抑制能力差，再加上双绞线上的分布电容，其传送距离最大约为 15m，最大传输速率为 20Kbps。RS-232 是为点对点(即只用一对收、发设备)通信而设计的，其驱动器负载为 3～7kΩ。所以，RS-232 适合本地设备之间的通信。

2. RS-422

RS-422 标准全称是“平衡电压数字接口电路的电气特性”，它定义了接口电路的特性。典型的 RS-422 是四线接口，实际上还有一根信号地线，共 5 根线。由于接收器采用高输入阻抗，且发送驱动器比 RS-232 具有更强的驱动能力，故允许在相同传输线上连接多个接收节点，最多可接 10 个节点，即一个主设备(master)，其余为从设备(slave)，从设备之间不能通信，所以 RS-422 支持点对多的双向通信。接收器输入阻抗为 4kΩ，故发端最大负载能力是 10×4kΩ(终接电阻)。RS-422 四线接口由于采用单独的发送和接收通道，因此不必控制数据方向，各装置之间的信号交换均可以按软件方式(XON/XOFF 握手)或硬件方式(一对单独的双绞线)实现。

RS-422 的最大传输距离为 1219m，最大传输速率为 10Mbps，其平衡双绞线的长度与传输速率成反比，在 100Kbps 速率以下才可能达到最大传输距离，即只有在很短的距离下才能获得最高速率传输。一般 100m 长的双绞线上所能获得的最大传输速率仅为 1Mbps。

3. RS-485

RS-485 是从 RS-422 基础上发展而来的，所以 RS-485 许多电气规定与 RS-422 相仿，如都采用平衡传输方式、都需要在传输线上接终接电阻等。RS-485 可以采用二线制与四线制，二线制可实现真正的多点双向通信，而采用四线制连接时，与 RS-422 一样只能实现点对多的通信，即只能有一个主设备，其余为从设备，但它比 RS-422 有改进，无论是四线制还是二线制，总线上最多可连接 32 个设备。

RS-485 与 RS-422 的不同还在于其共模输出电压是不同的，RS-485 是-7～12V，而 RS-422 为-7～7V，RS-485 接收器最小输入阻抗为 12kΩ、RS-422 是 4kΩ；由于 RS-485 满足所有 RS-422 的规范，所以 RS-485 的驱动器可以在 RS-422 网络中应用。

RS-485 与 RS-422 一样，其最大传输距离约为 1219m，最大传输速率为 10Mbps。平衡双绞线的长度与传输速率成反比，在 100Kbps 速率以下，才可能使用规定最长的电缆长度。只有在很短的距离下才能获得最大传输速率，一般 100m 长双绞线最大传输速率仅为 1Mbps。

3.2.1 数据的串行传输

(1)单工制式：单工制式的数据传输是单向的。通信双方中，一方固定为发送端，另一方则固定为接收端。信息只能沿一个方向传输，使用一根传输线。

(2)半双工制式：半双工制式指数据可以在一个信号载体的两个方向上传输，但是不能同时传输。

(3)全双工制式：全双工制式指可以同时(瞬时)进行信号的双向传输(A→B且B→A，即指A向B传输数据和B向A传输数据是瞬时同步的)。

3.2.2 几种串行通信的物理标准

在数据通信、计算机网络以及分布式工业控制系统中，经常采用串行通信来交换数据和信息。1969年，EIA公布了RS-232作为串行通信接口的电气标准，该标准定义了数据终端设备(DTE)和数据通信设备(DCE)间按位串行传输的接口信息，合理安排了接口的电气信号和机械要求，在世界范围内得到了广泛的应用。但它采用单端驱动非差分接收电路，因而存在着传输距离不太远(最大传输距离为15m)和传送速率不太快(最大位速率为20Kbps)的问题。远距离串行通信必须使用Modem，增加了成本。在分布式控制系统和工业局部网络中，传输距离常介于近距离(＜20m)和远距离(＞2km)之间的情况，这时RS-232(25脚连接器)不能采用，用Modem又不经济，因而需要制定新的串行通信接口标准。

1977年，EIA制定了RS-449，它除了保留与RS-232兼容的特点外，还在提高传输速率、增加传输距离及改进电气特性等方面做了很大努力，并增加了10个控制信号。与RS-449同时推出的还有RS-422和RS-423，它们是RS-449的标准子集。另外，还有RS-485，它是RS-422的变形。RS-422、RS-423是全双工的，而RS-485是半双工的。

RS-422标准规定采用平衡驱动差分接收电路，提高了数据传输速率(最大位速率为10Mbps)，延长了传输距离(最大传输距离为1200m)。

RS-423标准规定采用单端驱动差分接收电路，其电气性能与RS-232C几乎相同，并设计成可连接RS-232和RS-422。它一端可与RS-422连接，另一端则可与RS-232连接，提供了一种从旧技术到新技术过渡的手段，同时又可提高位速率(最大为300Kbps)和传输距离(最大为600m)。

因RS-485为半双工工作方式，当用于多站互连时可节省信号线，便于数据的高速、远距离传送。许多智能仪器设备均配有RS-485总线接口，将它们联网也十分方便。

串行通信由于接线少、成本低，在数据采集和控制系统中得到了广泛的应用，产品也多种多样。

3.3 RS-485 串行通信

RS-485 又名 TIA-485-A、ANSI/TIA/EIA-485 或 TIA/EIA-485，它是一个定义平衡数字多点系统中的驱动器和接收器的电气特性的标准，该标准由电信行业协会(Telecommunications Industry Association，CIA)和 EIA 定义。使用该标准的数字通信网络能在远距离条件下以及电子噪声大的环境下有效传输信号。RS-485 使得廉价本地网络以及多支路通信链路的配置成为可能。

RS-485 有两线制和四线制两种接线，四线制只能实现点对点的通信方式，现很少采用，现在多采用的是两线制接线方式，这种接线方式为总线式拓扑结构，在同一总线上最多可以挂接 32 个节点。

在 RS-485 通信网络中一般采用的是主从通信方式，即一个主机带多个从机。很多情况下，连接 RS-485 通信链路时只是简单地用一对双绞线将各个接口的 A、B 端连接起来，而忽略了信号地的连接，这种连接方法在许多场合是能正常工作的，但却埋下了很大的隐患，原因有两点[28]。①共模干扰：RS-485 接口采用差分方式传输信号，并不需要相对于某个参照点来检测信号，系统只需检测两线之间的电位差就可以了，但这样容易忽视收发器有一定的共模电压范围，RS-485 收发器共模电压范围为-7～12V，只有满足上述条件，整个网络才能正常工作；当网络线路中共模电压超出此范围时就会影响通信的稳定可靠，甚至损坏接口。②EMI 的问题：发送驱动器输出信号中的共模部分需要一个返回通路，如没有一个低阻的返回通道(信号地)，就会以辐射的形式返回源端，整个总线就会像一个巨大的天线向外辐射电磁波。

3.4 低压电力线载波通信

低压电力线载波通信(低压载波)是指利用已有的低压配电网作为传输媒介，实现数据传递和信息交换的一种技术，即高频的通信信号与电力工频电流通过占用不同的频段来共用电力线网络进行传输。

3.4.1 低压载波信道的划分

1. 扩频通信(spread spectrum communication)

扩频通信是用高速伪随机序列去扩展所传输信息的带宽，然后进行传输，在接收端采用与发送端相同的同步伪随机序列进行信号的相关解扩，恢复所传输信息的一种技术。

扩频通信的理论基础为信息论的香农定理（Shannon's theorem）：$C=B\log_2(1+S/N)$，从公式中可以看出，信道容量 C 一定时，传输的信号带宽 B 和信噪比 S/N 的互换关系为：在一定差错概率的情况下，可以用较大的带宽换取信噪比的下降，这正是扩频通信技术的原理。

扩频通信有保密性好、抗干扰和衰减能力强的特点，所以最早应用在军事通信中，如军事用跳频（frequency hopping，FH）电台和直扩（direct sequence，DS）坦克电台等。扩频通信是在现代通信中应用最为广泛的一种技术，如 CDMA 通信系统和电力线通信[29]。扩频通信自身的特点使其非常适合电力线通信信道。目前，有很多厂家都生产出了电力线扩频载波芯片，如 Intellon 的 SSC300/485 网络接口控制器采用了线性调频（chirp）技术，Echelon 的 PLT-10 采用了直接序列扩频（DS-SS）技术，还有目前国内使用较多的 PL2000 和 SC1128 扩频芯片，都采用了直接列扩频技术。

2. 正交频分复用（orthogonal frequency division multiplexing，OFDM）

随着通信需求的不断增长，宽带化已成为当今通信技术领域的主要发展方向之一，而网络的发展使人们对无线通信技术提出了更高的要求。为有效解决无线信道中多径衰落和加性噪声等问题，同时降低系统成本，人们采用了正交频分复用（OFDM）技术[30]。OFDM 系统是一种多载波并行传输系统，通过延长传输符号的周期增强其抵抗回波的能力。与传统的均衡器比较，它最大的特点在于结构简单，可大大降低成本，且在实际应用中非常灵活，对于高速数字通信量是一种非常有潜力的技术。

正交频分复用（OFDM）是将信道分成若干正交子信道，将高速数据信号转换成并行的低速子数据流，调制到在每个子信道上进行传输。正交信号可以通过在接收端采用相关技术来分开，这样可以减少子信道间码间干扰（inter-symbol interference，ISI）。每个子信道上的信号带宽小于信道的相关带宽，因此每个子信道都可以看成平坦性衰落，从而可以消除符号间干扰。而且由于每个子信道的带宽仅仅是原信道带宽的一小部分，信道均衡变得相对容易。

OFDM 具有抗脉冲干扰和多径效应能力强的特点，所以它很适合电力线通信。因为 OFDM 可以用快速傅里叶变换（fast Fourier transform，FFT）算法来实现，所以可以采用基于 DSP 的软件来实现。在第四代移动通信技术的开发中，很多公司都采用了 OFDM 技术，利用其高速率的特性，能够为视频点播和图像传输等多媒体服务提供足够的带宽。目前，Intellon 的 PowerPacket 电力线载波芯片就是采用了 OFDM 技术，可提供 14Mbps 的数据传输速率，使得电力线真正成为一种可以和光纤相媲美的接入方式。电力线载波通信及应用国际学术年会从 1997 年开始，每年举行一次，前两届都是以扩频和 CDMA 在电力线载波通信中的应用为主要内容，CDMA 退居次要地位。

3.4.2　直接序列扩频通信技术

直接序列扩频通信是高安全性、高抗扰性的一种无线序列型号传输方式，英文全称为 direct sequence spread spectrum communication，简称直扩通信方式。直接序列扩频通信通过利用高速率的扩频序列在发射端扩展信号的频谱，而在接收端用相同的扩频码序列进行解扩，把展开的扩频信号还原成原来的信号。直接序列扩频通信技术在军事通信和机密工业中得到了广泛的应用，现在甚至普及到一些民用的高端产品中，如信号基站、无线电视、蜂窝手机、无线婴儿监视器等，是一种可靠安全的工业应用方案。

3.4.3　通信技术在电力线载波中的应用

电力线载波一直是电力通信的主要通信方式，它是利用电力线作为介质传输信号的一种通信手段。最大特点是不需要重新架设网络，只要有电线，就能进行数据传递。高速电力线通信采用单载波类、OFDM 和扩展频谱类(主要应用 CDMA)三类调制技术。下面主要对 OFDM 与 CDMA 进行比较，并得出结合二者的多载波码分多址(MC-CDMA)技术。

1. OFDM 在电力线载波中的应用

OFDM 技术由于成本低、性能高，依然是现今广泛使用的一种调制方式，应用在电力线载波通信上，使电力线上的高速数据通信成为可能。如何根据电力线介质高频段采用合适的调制技术及相应的编码、均衡、同步及自适应技术在合适的频带上实现，高速电力线通信是非常重要的。OFDM 利用离散傅里叶逆变换(inverse discrete Fourier transform，IDFT)和离散傅里叶变换(discrete Fourier transform，DFT)或者窗口傅里叶变换(windowed Fourier transform，WFT)和 FFT 基带调制实现正交频分复用发送与接收，采用保护间隔和循环缀来抗多径，从而有效地降低 ISI 和光信道间干扰(inter channel interference，ICI)。OFDM 将高速数据流转化为低速并行数据流，再将这些并行数据调制在相互正交的子载波上，实现并行数据传输。虽然每个子载波的信号传输速率并不高，但是所有子信道合在一起可以获得很高的传输速率。OFDM 系统可以通过使用不同数量的子信道使上下行链路中实现不同传输速率，最大限度地利用频谱资源，可与多种接入访问方法结合使用，构成 OFDM 系统，其中调频 OFDM、多载波码分多址(MC-CDMA)、OFDM-TDMA[①]等，可以使多个用户同时利用 OFDM 系统进行信息的传输。但 OFDM 系统与单载波系统相比，频率偏差容易对其产生影响，存在较高的峰值平

① 时分多址(time division multiple access，TDMA)。

均功率比。

2. 扩频通信(以 CDMA 为主)在电力线载波中的应用

除了 OFDM 技术，CDMA 为另外一种宽带电力线通信的实现方法。在传输速率一定的条件下，增加频带宽度可降低传输信号的噪声比，增加系统的抗干扰能力。在电力线载波中，chirp 扩频稍有应用，但主要还是 CDMA 技术，原理为伪随机码在发端进行扩频，在收端用相同的码序列进行解扩，再将展宽的扩频信号还原成原始信息。CDMA 保密性好，具有多址能力，易于实现码分多址，有抗衰落、抗多径干扰的能力。应用直接序列码分多址(DS-CDMA)技术，对各种频率选择性干扰、白噪声以及窄带干扰等都有较好的抑制能力。基于 PN 码及正交可变扩频因子(orthogonal variable spreading Factor，OVSF)，各数据流经串并转换为平行的子数据流，再乘上各自独立的 OVSF 码实现子数据流相互之间的正交化，然后所有子通道数据流叠加到一起并插入一个 PN 码用于保护它们免受多径干扰及其他用户的影响，接着调制后通过传输通道发送出去。两种编码的结合，有助于获得好的正交特性，可降低多址接入的影响。最后分离多径接收端对多径信号进行相关解调。

3. MC-CDMA 技术在电力线载波中的应用

1)OFDM 与 CDMA 比较

选择 OFDM 或 CDMA，一般根据系统容量、支持高速率多媒体服务、抗多径信道干扰、频谱利用率等因素进行考虑。

(1)峰均比(peak to average power ratio，PAPR)。PAPR 过高会使得发送端对功率放大器的线性要求很高，这就意味着要提供额外功率和扩大设备的尺寸，进而增加设备的成本。OFDM 对非线性非常敏感，还需结合其他技术来降低 PAPR，而 CDMA 系统自身就有很多技术可降低 PAPR。

(2)调制技术。OFDM 系统无论在上行或下行链路都易于同时容纳多种混合调制方式，每条链路都可以独立调制，增加系统的灵活性。信道好的情况下，终端可采用较高阶的调制(如 64QAM)以获得最大频谱效率，信道条件变差时可以选择四相移相键控(quadrature phase shift keying，QPSK)调制等低阶调制来确保信噪比。这样，系统就可以在频谱利用率和误码率之间取得最佳平衡。若信道间的干扰限制某条特定链路的调制方式，亦能通过无线资源管理和网络频率规划等手段来解决。CDMA 上行线路不支持多种调制，下行线路虽支持，但规定符号调制方式需相同，而且在非正交的链路中，采用低阶调制的用户将受高阶调制用户的噪声干扰。误码率和频谱效率之间获得最佳平衡是判断一个通信系统优良的重要标准。

(3)抗窄带干扰能力。OFDM 与 CDMA 中窄带干扰都只影响其频段的小部分，自身技术均能解决。

(4)抗多径干扰能力。多径传播效应造成接收信号相互重叠，产生信号波形间的相互干扰，使接收端判断错误，这会严重地影响信号传输的质量。OFDM 通过串并转换待发送的信息码，降低速率，以增大码元周期来削弱多径干扰的影响。同时使用循环前缀(cyclic prefix，CP)作为保护间隔，减少甚至消除了码间干扰，但 CP 越长，能量损失越大。CDMA 接收机采用 RAKE 分集接收技术，使多路信号能量区分和绑定。但当路径条数达到一定值时，信道估计精确度将降低，RAKE 的接受性能将快速下降。

2)MC-CDMA 技术

研究发现，多载波码分多址(MC-CDMA)能把 OFDM 和 CDMA 技术结合起来，这可以提升电力线载波通信的性能。多载波 CDMA 方案可分为时域扩频和频域扩频，二者分别用给定的扩频序列对串并变换后的数据流与原始数据流进行处理。频域扩频用扩频序列中对应的每个码片将数据调制到不同的子载波上，MC-CDMA 技术正是通过这种方式实现的。MC-CDMA 的每个数据符号的扩频在频域中完成，接收机在频域上能充分聚集信号的能量，从而做出最佳判决，具有最佳的频谱分布，抗干扰能力强，而且频域内有一定的自由度，每个用户的处理增益可随通信网络的要求进行及时修正，同时接收端的解扩合并技术和 OFDM 的频域均衡技术结合，实现的复杂度较低，这些优点使得我们更倾向于选择 MC-CDMA 技术作为电力线载波中的应用技术。可以把 MC-CDMA 看作一种 OFDM 技术，只是在形成 OFDM 信号前，先将用户的信息和扩频码矩阵相乘。MC-CDMA 方案保留了 OFDM 和 CDMA 各自的特点。

3.5　ZigBee 网络原理与应用

1. 网络原理

紫蜂(ZigBee)是一种高可靠的无线数传网络，类似 CDMA 和 GSM[①]网络。ZigBee 数传模块类似移动网络基站。通信距离从标准的 75m 到几百米、几公里，并且支持无限扩展。

ZigBee 是一个由多达 65535 个无线数传模块组成的无线数传网络平台，在整个网络范围内，每一个 ZigBee 网络数传模块之间可以相互通信，每个网络节点间的距离可以从标准的 75m 无限扩展。

与移动通信的 CDMA 网或 GSM 网不同的是，ZigBee 网络主要是为工业现场自动化控制数据传输而建立的，因而它必须具有简单、使用方便、工作可靠、价

---

① 全球移动通信系统(global system for mobile communications，GSM)。

格低的特点。

每个 ZigBee 网络节点不仅本身可以作为监控对象(如对其所连接的传感器直接进行数据采集和监控)，还可以自动中转别的网络节点传过来的数据资料。除此之外，每一个 ZigBee 网络节点[即完整功能设备(full functional device，FFD)]还可在自己信号覆盖的范围内，和多个不承担网络信息中转任务的孤立的子节点[即简化功能设备(reduced functional device，RFD)]无线连接。

2. 应用

ZigBee 是一种物联网无线数据终端，利用 ZigBee 网络为用户提供无线数据传输功能。该产品采用高性能的工业级 ZigBee 方案，提供表面组装技术(surface mounted technology，SMT)与双列直插封装(dual in-line package，DIP)接口，可直接连接晶体管-晶体管逻辑(transistor transistor logic，TTL)接口设备，实现数据透明传输功能；低功耗设计，最低功耗小于 1mA；提供 6 路输入/输出(input/output，I/O)，可实现数字的输入输出、脉冲输出；其中有 3 路 I/O 还可实现模拟量采集、脉冲计数等功能。

该产品已广泛应用于物联网产业链中的机器与机器(machine to machine，M2M)行业，如智能电网、智能交通、智能家居、金融、移动电子付款机(point of sale，POS)、供应链自动化、工业自动化、智能建筑、消防、公共安全、环境保护、气象、数字化医疗、遥感勘测、农业、林业、水务、煤矿、石化等领域。

3.5.1 ZigBee 网络体系结构

ZigBee 网络体系结构主要由物理层、媒体访问控制层、网络层以及应用层构成，如图 3-1 所示。

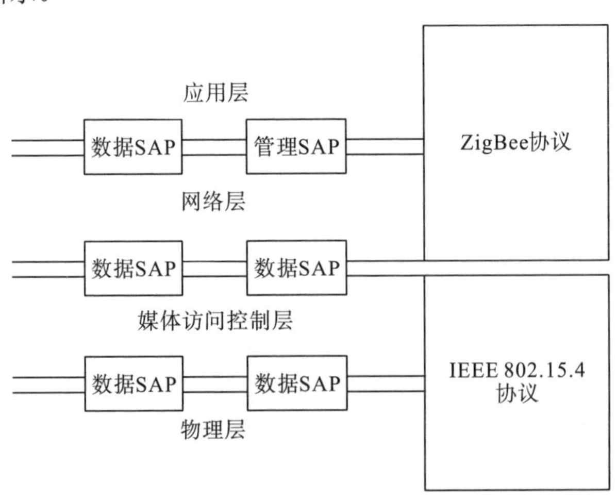

图 3-1 ZigBee 体系结构

由 ZigBee 的体系结构可以联想到 TCP/IP 的体系结构，即似乎每个协议都是由 OSI 七层协议演化而来的。由图 3-1 可以看出，IEEE 802.15.4 定义了物理层和媒体访问控制层，而 ZigBee 协议定义了网络层、应用层的技术规范，每一层为其上层提供特定的服务：即由数据服务实体提供数据传输服务；管理实体提供所有的其他管理服务。每个服务实体通过相应的服务接入点(service access point，SAP)为其上层提供一个接口，每个服务接入点通过服务原语来完成所对应的功能。各层介绍如下。

1. 物理层

物理层定义了物理无线信道和媒体访问控制层之间的接口，提供物理层数据服务和物理层管理服务。物理层数据服务从无线物理信道上收发数据。物理管理服务维护一个由物理层相关数据组成的数据库。

物理层功能包括：

(1) ZigBee 的激活；

(2) 当前信道的能量检测；

(3) 接收链路服务质量信息；

(4) ZigBee 信道接入方式；

(5) 信道频率选择；

(6) 数据传输和接收。

2. 媒体访问控制层

该层负责处理所有的物理无线信道访问，并产生网络信号、同步信号；支持个人域网(personal area network，PAN)连接和分离，提供两个对等媒体访问控制实体之间可靠的链路。数据服务：保证媒体访问控制协议数据单元在物理层数据服务中正确收发。管理服务：维护一个存储媒体访问控制层协议状态相关信息的数据库。

媒体访问控制层功能包括：

(1) 网络协调器产生信标；

(2) 与信标同步；

(3) 支持 PAN 链路的建立和断开；

(4) 为设备的安全性提供支持；

(5) 信道接入方式采用免冲突载波检测多址接入(CSMA-CA)机制；

(6) 处理和维护保护时隙(guaranteed time slot，GTS)机制；

(7) 在两个对等的媒体访问控制实体之间提供一个可靠的通信链路。

3. 网络层

ZigBee 协议栈的核心部分在网络层。网络层主要实现节点加入或离开网络、接收或抛弃其他节点、路由查找及传送数据等功能，支持 Cluster-Tree 等多种路由算法，支持星形(star)、树形(cluster-tree)、网格(mesh)等多种拓扑结构。

网络层功能包括：

(1)网络发现；

(2)网络形成；

(3)允许设备连接；

(4)路由器初始化；

(5)设备同网络连接；

(6)直接将设备同网络连接；

(7)断开网络连接；

(8)重新复位设备；

(9)接收机同步；

(10)信息库维护。

4. 应用层

ZigBee 应用层框架包括应用支持层、ZigBee 设备对象和制造商所定义的应用对象。应用支持层的功能包括：维持绑定表、在绑定的设备之间传送消息。所谓绑定，就是基于两台设备的服务和需求将它们匹配地连接起来。

ZigBee 设备对象的功能包括：定义设备在网络中的角色(如 ZigBee 协调器和终端设备)，发起和响应绑定请求，在网络设备之间建立安全机制。ZigBee 设备对象还负责发现网络中的设备，并且决定向他们提供何种应用服务。ZigBee 应用层除了提供一些必要函数以及为网络层提供合适的服务接口外，一个重要的功能是应用者可在这层定义自己的应用对象。

5. 应用层框架

运行在 ZigBee 协议栈上的应用程序实际上就是厂商自定义的应用对象，并且遵循规范(profile)运行在端点 1～240 上。在 ZigBee 应用中，提供 2 种标准服务类型：键值对(key value pair，KVP)或报文(message，MSG)。

6. ZigBee 设备对象

远程设备通过 ZigBee 设备对象请求描述符信息，接收到这些请求后，ZigBee 设备对象会调用配置对象获取相应描述符值。另外，ZigBee 设备对象提供绑定服务。

ZigBee 节点类型分为三种。

(1)ZigBee 协调者(coordinatior)节点：

①每个 ZigBee 网络必须有一个 ZigBee 协调者；

②初始化网络信息。

(2)ZigBee 路由器(router)节点：记录路由信息。

(3)ZigBee 终端调备(terminal device)节点：没有路由功能、价格低。

3.5.2　ZigBee 网络拓扑结构

ZigBee 技术具有强大的组网能力，可以形成星型、树型和网状拓扑形式，并且可以根据实际项目需要来选择合适的网络结构。

以下拓扑结构的节点，均是指支持 ZigBee 协议的并以其通信技术手段，实现节点处所需要功能的产品(如完整的电路板)。

1. 星形拓扑

星形拓扑是最简单的一种拓扑形式，包含一个协调者节点和一系列的终端设备节点。每一个终端设备节点只能和协调者节点进行通信。如果需要在两个终端设备节点之间进行通信，必须通过协调者节点进行信息的转发。图 3-2 为星形拓扑结构。

这种拓扑形式的缺点是节点之间的数据路由只有唯一的一条路径。协调者节点有可能成为整个网络的瓶颈。实现星形拓扑不需要使用 ZigBee 的网络层协议，因为本身 IEEE 802.15.4 的协议层就已经实现了星形拓扑形式，但是这需要开发者在应用层做更多的工作，包括自己处理信息的转发。

2. 树形拓扑

树形拓扑包括一个协调者节点以及一系列的路由器和终端设备节点。协调者节点连接一系列的路由器和终端设备，它的子节点的路由器也可以连接一系列的路由器和终端设备。这样可以重复多个层级。图 3-3 为树形拓扑结构。

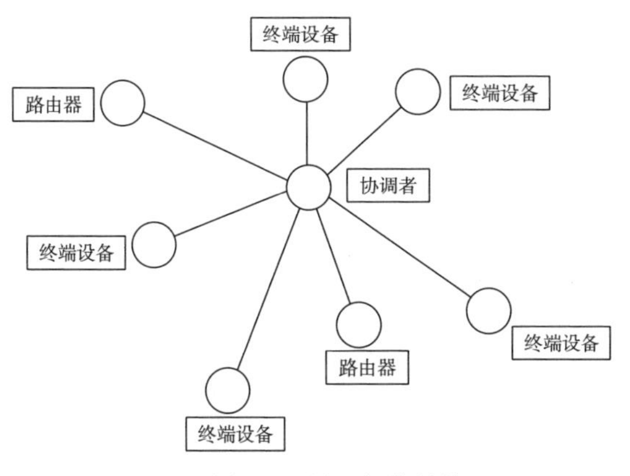

图 3-2　星形拓扑结构

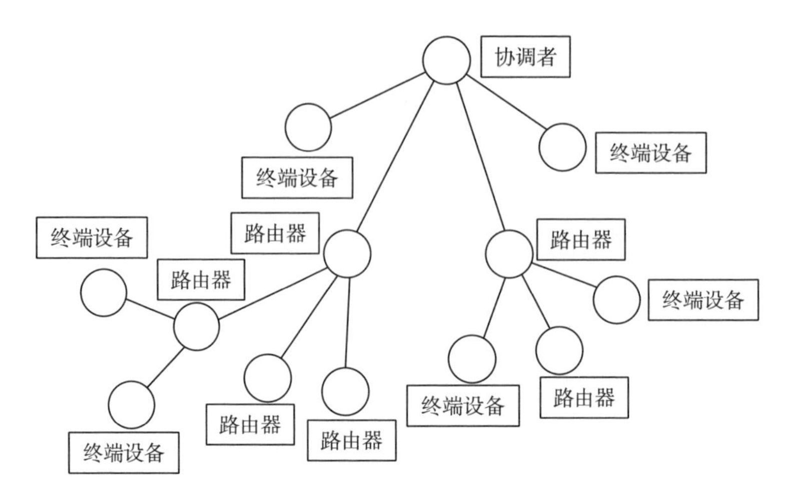

图 3-3 树形拓扑结构

需要注意的是：

(1) 协调者和路由器节点可以包含自己的子节点；

(2) 终端设备不能有自己的子节点；

(3) 有同一个父节点的节点称为兄弟节点；

(4) 有同一个祖父节点的节点称为堂兄弟节点。

树形拓扑的通信规则为：

(1) 每一个节点都只能和他的父节点和子节点通信；

(2) 如果需要从一个节点向另一个节点发送数据，那么信息将沿着树的路径向上传递到最近的祖先节点，然后再向下传递到目标节点。

这种拓扑方式的缺点就是信息只有唯一的路由通道。另外，信息的路由是由协议栈层处理的，整个路由过程对于应用层是完全透明的。

3. 网状拓扑

网状拓扑(mesh topology)包含一个协调者和一系列的路由器和终端设备节点。这种网络拓扑形式和树形拓扑形式相同，请参考前文所提到的树形网络拓扑形式。但是，网状拓扑具有更加灵活的信息路由规则，在可能的情况下，路由节点之间可以进行直接的通信。这种路由机制使得信息的通信变得更有效率，而且这意味着一旦一个路由路径出现了问题，信息可以自动沿着其他的路由路径进行传输。图 3-4 是网状拓扑结构。

通常在支持网状拓扑结构的网络实现上，网络层会提供相应的路由探索功能，这一特性使得网络层可以找到信息传输的最优化的路径。需要注意的是，以上所提到的特性都是由网络层来实现，应用层不需要进行任何参与。

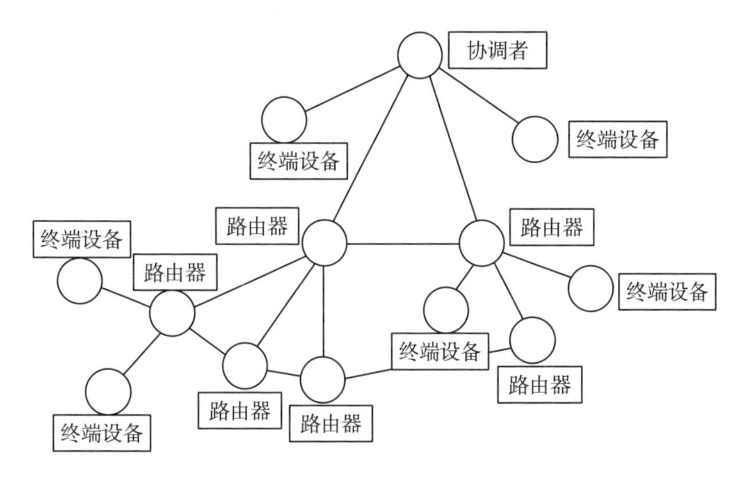

图 3-4　网状拓扑结构

网状拓扑结构的网络具有强大的功能，网络可以通过“多级跳”的方式来通信；该拓扑结构还可以组成极为复杂的网络；网络还具备自组织、自愈功能。

星形和树形拓扑结构的网络适合单点对多点、距离相对较近的应用。

3.5.3　ZigBee 网络的特点

ZigBee 网络主要有以下特点。

(1) 低功耗：由于工作周期很短、收发信息功耗较低，并且终端设备采用了休眠模式，ZigBee 技术可以确保在终端设备上只用两节五号电池就实现长达 6 个月到 2 年的使用时间。

(2) 高可靠性：采用了碰撞避免机制，同时为需要固定带宽的通信业务预留了专用时隙，避免了发送数据时的竞争和冲突。媒体访问控制层采用了完全确认的数据传输机制，每个发送的数据包都必须等待接收方的确认信息。

(3) 低成本：模块价格低廉，且 ZigBee 协议是免专利费的。

(4) 低时延：针对时延敏感的应用做了优化，通信时延和从休眠状态激活的时延都非常短。设备搜索时延典型值为 30ms，休眠激活时延典型值是 15ms，活动设备信道接入时延典型值为 15ms。

(5) 低数据量：ZigBee 每个网络模块射频前端的数据传输速率为 250Kbps。

(6) 网络容量大：ZigBee 可以采用星形、树形、网状拓扑结构组网，而且可以通过任一节点连接组成更大的网络结构，从理论上讲，其可连接的节点多达 65000 个。一个 ZigBee 网络可以最多容纳 254 个从设备和 1 个主设备，一个区域内可以同时存在最多 100 个 ZigBee 网络。

(7) 高保密性：ZigBee 提供了基于循环冗余校验(cyclic redundancy check，CRC)的数据包完整性检查和鉴权功能，加密算法采用 AES-128，同时各个应用可以灵活确定其安全属性。

(8)全球通用性和完好的开放性：ZigBee 标准协议使各 ZigBee 设备间的通信成为轻而易举的事情。

3.5.4 微功率无线本地网络

微功率无线通信在国内电工仪表业俗称为“小无线”，在国家电网用电电能信息采集与管理系统中，把利用无线传感网络技术的通信组网方式叫作微功率无线组网，其主要的特点是网络的多跳分布特征和节点神经元特性，同时利用蜂窝频分复用体制，在单个蜂房内采用自组织网状网络构架。微功率无线本地网络有着优异的网络覆盖性和 10Kbps 的高速数据传输特征，可实现小区的全区域、全密度的网络覆盖，保证网络的健壮性，支撑整个采集系统的有效使用。微功率无线本地网络为智能电能表的高效、安全运行提供了技术支撑。

3.5.5 智能电能表下行通信技术方案的比较

随着微电子技术的不断进步，许多通信方式被应用到智能电能表通信中。其中，比较常用的有以下几种。

1. 红外通信

红外通信包括近红外通信、远红外通信。近红外通信指光学接口为接触式的红外通信方式。远红外通信指光学接口为非接触式的红外通信方式，由于容易受到外界光源的干扰，所以一般采用红外光调制/解调来提高抗干扰度。红外通信的主要特点是没有电气连接、通信距离短，所以主要用于电能表现场的抄录、设置。

2. 有线通信

有线通信主要包括 RS-232 接口通信、RS-422 接口通信、RS-485 接口通信等。由于有线通信具有传输速率高、可靠性好的特点，被广泛采用。

3. 无线通信

无线通信包括无线数传电台通信、GPRS、GSM 通信等。随着信息传递技术的飞速发展，无线通信技术在通信领域发挥着越来越重要的作用。使用无线数传电台可以在几百米到几公里的范围内建立无线连接，具有传输速率高、可靠性较好、不需要布线等优点。使用 GPRS 或 GSM 网络通信，还可以充分地利用无线移动网络广阔的覆盖范围，建立安全、可靠的通信网络。

4. 电力线载波通信

电力线载波通信是通过 220V 电力线进行数据传输的一种通信方式。在载波电能表内部，除了有精确的电能计量电路以外，还需有载波通信电路。它的功能是将通信数据调制到电力线上。常见的调制方式有频移键控(frequency shift keying，FSK)、幅移键控(amplitude shift keying，ASK)和相移键控(phase shift keying，PSK)。处于同一线路上的数据集中器则进行载波信号的解调，将接收到的数据保存到存储器中。由此构成载波通信网络。电力载波通信的特点是：不需要进行额外的布线、便于安装；但是由于电力网络上存在着各种电器，具有噪声高、衰减大的特点，这就限制了通信传输的距离和速率。

3.6 智能电能表在远程集抄系统中的应用

作为一种新型的电能表，智能电能表具有其独到的优势。普通电子式电能表为智能电能表的基表，通信信道采用低压电力线，其核心为 SSC16 专用芯片，使用电力线载波通信方式上传电量数据。用户消耗的电能主要通过分流器与分压器上的信号进行取样，然后传送到乘法器电路。电压/频率(V/F)转换器收到乘积信号后通过脉冲送入芯片对信息进行计量处理。该系统的芯片组驱动计度器能够记录电网的总电量，并能根据实际电量等信息馈入电力线，完成载波通信，使得集中抄表得以实现。该系统采用的是电力线载波通信技术，采用宽频传输，在大大提高传输效率的同时，也避免了各种干扰的影响。载波电能表功能强大，主要能够实现电能的计量功能，能够对当前电量进行储存，通过双向电力线载波通信，还能够进行中继传输。

2009 年 3 月，某地供电公司率先在 1784 个公配台区安装低压载波集抄系统。在这 1784 个台区中，共有低压单相用户 16.9 万户、低压三相用户 0.51 万户，全部应用载波集抄系统。公配台区考核表是多功能电子表，安装在台区低压侧。低压载波集抄系统的安装、调试与试运行在设备厂家专业技术人员的指导下完成，并于 2010 年 12 月正式投入到实际运行当中。通过专业人员现场调试与核对，当月抄表成功率为 100%；同时，无失误正确率高达 100%。能够在任意时间内，正确算出随机抽取的各个用户相关的供电量、用电量以及线损率等；同时，还能有效监督用户电量异常和电量波动的情况。

实践表明，智能电能表集抄系统应用于居民用户中，无论是在功用方面还是在经济方面，都具有较强的可应用性，其设计思想成熟，具有先进的理论基础，运行可靠，而且准确性高，具有较强的适用性。同时，该系统结合网络、通信以及计算机等先进技术，与网络化、信息化的现代社会接轨，能够科学有效实现居民“一户一表”管理，具有较强的发展空间。

随着社会经济的飞速发展及电能的广泛应用，窃电问题也愈发突出，各种窃电手段、方式层出不穷，窃电行为越来越隐蔽，导致供电企业难以及时发现并处理，从而造成巨大的经济损失。因此，供电企业应充分认识到窃电带来的危害，通过不断学习国内外先进经验和技术，提高自身反窃电水平，从而杜绝窃电行为的出现。基于 GPRS 通信的电力表远程抄收系统已经在山东临沂电业公司投运应用，一期工程实现了 200 台大用户变压器的监测抄收。系统功能实现了实时线损分析、用电异常信息报警、电能质量检测、无功补偿、配变监测、远程抄表、功率因数监测、电压合格率监测及负荷管理等。系统能够通过万维网(world wide web，Web)向局内有权用户提供服务，为用电管理提供决策依据。GPRS 远程抄表系统应用于反窃电中，能提供准确的线损计算依据，结合线路实际参数，并进行对比，有助于为反窃电查处工作起到指导作用。

GPRS 远程抄表系统应用于重点用户反窃电中，能通过计算机对大型工业企业、矿业企业等重点用户的抄表数据进行实时处理，并认真分析其电量参数，若发现异常，则表示表计出现故障或是出现窃电行为。GPRS 远程抄表系统应用于重点线路防窃电中，采用的方法就是在重点线路上装设精度高的计量装置，利用 GPRS 远程抄表系统实时分析功能，确定具体线损情况和具体检查范围，从而减缩窃电用户范围，以便迅速对其进行严格检查。GPRS 远程抄表系统功能众多，能及时接收到电能表清零事件，并对停电次数、记录校时、跳闸次数、记录编程、开表箱、开表盖及有关计量装置的众多事件进行有效分析和判断，从而准确判定窃电用户。在山东某地区试运行的基于 GPRS 通信的电力远程抄表系统运行稳定可靠，数据抄收准确。这套系统的实施安装，不仅使供电公司实现了减员增效，更重要的是保证了重要用户变压器的实时在线监测，提高了供电可靠性。

3.7 IPv6 技术

IPv6 是 Internet Protocol Version 6 的缩写，其中 Internet Protocol 译为“互联网协议”，即 IP 协议。IPv6 是 IETF(Internet Engineering Task Force，互联网工程任务组)设计的用于替代现行版本 IP 协议(IPv4)的下一代 IP 协议，号称“可以为全世界的每一粒沙子编上一个网址”。

IPv4 最大的问题在于网络地址资源有限，严重制约了互联网的应用和发展。IPv6 的使用，不仅能解决网络地址资源数量的问题，而且也扫清了多种接入设备连入互联网的障碍。IPv6 技术主要有以下特点：

(1) IPv6 地址长度为 128 比特，地址空间增大了 2^{96} 倍；

(2) 采用灵活的 IP 报文头部格式，使用一系列固定格式的扩展头部取代了

IPv4 中可变长度的选项字段。IPv6 中选项部分的出现方式也有所变化，使路由器可以简单路过选项而不做任何处理，加快了报文处理速度；

(3) IPv6 简化了报文头部格式，字段只有 7 个，加快报文转发，提高了吞吐量；

(4) 提高了安全性，身份认证和隐私权是 IPv6 的关键特性；

(5) 支持更多的服务类型，加入了对自动配置的支持，这是对动态主机配置协议(dynamic host configuration protocol，DHCP)协议的改进和扩展，使得网络(尤其是局域网)的管理更加方便和快捷；

(6) 允许协议继续演变，增加新的功能，使之适应未来技术的发展。

现以表 3-1 来比较 IPv4 地址与 IPv6 地址的区别。

表 3-1　IPv4 地址与 IPv6 地址的区别

IPv4 地址	IPv6 地址
地址位数：地址总长度为 32 位	地址位数：地址总长度为 128 位，是 IPv4 的 4 倍
地址格式表示：点分十进制格式	地址格式表示：分十六进制格式，带零压缩
按 5 类 Internet 地址划分总的 IP 地址	不适用，没有对应地址划分，而主要是按传输类型划分
网络表示：点分十进制格式的子网掩码或以前缀长度格式表示	网络表示：仅以前缀长度格式表示
环路地址是(127.0.0.1)	环路地址是 1
公共 IP 地址	公共地址为“可聚集全球单点传送地址”
自动配置的地址(169.254.0.0/16)	链路本地地址(FE80：：/64)
多点传送地址(224.0.0.0/4)	多点传送地址(FF00：：/8)
包含广播地址	不适用，未定义广播地址
未指明的地址为(0.0.0.0)	未指明的地址为(0:0:0:0:0:0:0:0)
专用 IP 地址(10.0.0.0/8.172.16.0.0/12.192.168.0.0/16)	站点本地地址(FEC0：：/48)
域名解析：IPv4 主机地址(A)资源记录	域名解析：IPv6 主机地址(AAAA)资源记录
逆向域名解析：IN-ADDR.ARPA 域	逆向域名解析：IP6.INT 域

如何完成从 IPv4 到 IPv6 的转换是 IPv6 发展中需要解决的第一个问题。目前，IETF 已经成立了专门的工作组，研究 IPv4 到 IPv6 的转换问题，并且提出了很多方案，主要包括以下几种类型。

1. 网络过渡技术

(1) 隧道技术：随着 IPv6 网络的发展，出现了许多局部的 IPv6 网络，利用隧道技术可以通过现有的运行 IPv4 协议的互联网(Internet)骨干网络(即隧道)将局部的 IPv6 网络连接起来，因而是 IPv4 向 IPv6 过渡的初期最易于采用的技术。

隧道技术的方式为：路由器将 IPv6 的数据分组封装入 IPv4，IPv4 分组的源地址和目的地址分别是隧道入口和出口的 IPv4 地址。在隧道的出口处，再将 IPv6 分组取出转发给目的站点。

(2) 网络地址转换/协议转换技术：网络地址转换/协议转换技术 NAT-PT (network address translation-protocol translation) 通过与 SIIT 协议转换和传统的 IPv4 下的网络地址转换 (network address translation，NAT) 以及适当的应用层网关 (application level gateway，ALG) 相结合，实现了只安装 IPv6 的主机和只安装 IPv4 机器的大部分应用的相互通信。

2. 主机过渡技术

IPv6 和 IPv4 是功能相近的网络层协议，两者都基于相同的物理平台，而且加载于其上的传输层协议 TCP 和 UDP 又没有任何区别。可以看出，如果一台主机同时支持 IPv6 和 IPv4 两种协议，那么该主机既能与支持 IPv4 协议的主机通信，又能与支持 IPv6 协议的主机通信，这就是双协议栈技术的工作机理。

3. 应用服务系统过渡技术

从 IPv4 到 IPv6 的过渡过程中，作为 Internet 基础架构的域名系统 (domain name system，DNS) 服务也要支持这种网络协议的升级和转换。IPv4 和 IPv6 的 DNS 记录格式等方面有所不同，为了实现 IPv4 网络和 IPv6 网络之间的 DNS 查询和响应，可以采用应用层网关 DNS-ALG 结合 NAT-PT 的方法，在 IPv4 和 IPv6 网络之间起到一个翻译的作用。例如，IPv4 的地址域名映射使用"A"记录，而 IPv6 使用"AAAA"或"A6"记录。那么，IPv4 的节点发送到 IPv6 网络的 DNS 查询请求是"A"记录，DNS-ALG 就把"A"改写成"AAAA"，并发送给 IPv6 网络中的 DNS 服务器。当服务器的回答到达 DNS-ALG 时，DNS-ALG 修改回答，把"AAAA"改为"A"，把 IPv6 地址改成 DNS-ALG 地址池中的 IPv4 转换地址，把这个 IPv4 转换地址和 IPv6 地址之间的映射关系通知 NAT-PT，并把这个 IPv4 转换地址作为解析结果返回 IPv4 主机。IPv4 主机就以这个 IPv4 转换地址作为目的地址与实际的 IPv6 主机通过 NAT-PT 通信。

虽然 IPv6 在全球范围内还仅仅处于研究阶段，许多技术问题还有待于进一步解决，并且支持 IPv6 的设备还非常有限，但总体来说，全球 IPv6 技术的不断发展，并且随着 IPv4 消耗殆尽，许多国家已经意识到了 IPv6 技术所带来的优势，特别是中国，通过一些国家级的项目，推动了 IPv6 下一代互联网全面部署和大规模商用。随着 IPv6 的各项技术日趋完美。IPv6 成本过高、发展缓慢、支持度不够等问题将很快淡出人们的视野。

3.8　对通信信道的性能要求

通信信道物理层必须独立，任意一条通信信道的损坏都不得影响其他信道正常工作。当有重要事件发生时，可支持主动上报。

1. RS-485 接口通信

(1) RS-485 接口必须和电能表内部电路实行电气隔离，并有失效保护电路。

(2) RS-485 接口应满足《多功能电能表通信协议》(DL/T 645—2007) 要求，并能耐受交流电压 380V、2min 不损坏的试验。

(3) RS-485 接口通信速率可设置，标准速率为 1200bps、2400bps、4800bps、9600bps，缺省值为 2400bps。

(4) RS-485 接口通信遵循《多功能电能表通信协议》(DL/T 645—2007) 及其备案文件。

2. 红外通信

(1) 应具备调制型或接触式红外接口。

(2) 红外接口的电气和机械性能应满足《多功能电能表通信协议》(DL/T 645—2007) 的要求。

(3) 调制型红外接口缺省的通信速率为 1200bps。

(4) 红外通信遵循《多功能电能表通信协议》(DL/T 645—2007) 协议及其备案文件。

3. 载波通信

(1) 电能表可配置窄带或宽带载波模块。

(2) 电能表与载波通信模块之间的通信遵循《多功能电能表通信协议》(DL/T 645—2007) 及其备案文件。

(3) 如采用外置即插即用型载波通信模块的电能表，载波通信接口应有失效保护电路，即在未接入、接入或更换通信模块时，不应对电能表自身的性能、运行参数以及正常计量造成影响。

(4) 在载波通信时，电能表的计量性能、存储的计量数据和参数不应受到影响和改变。

4. 公网通信

(1) 电能表的无线通信接口组件应采用模块化设计：更换或去掉通信模块后，电能表自身的性能、运行参数以及正常计量不受影响；更换通信网络时，应只更换通信模块和软件配置，而不应更换整只电能表。

(2) 当有重要事件发生时，应主动上报主站。

(3) 应具备能将主站命令转发给所连接的其他智能装置，以及将其他智能装置的返回信息传送给主站的功能，如转发其他智能装置的信息不成功，应返回否认帧。

(4) 无线(GSM/GPRS、CDMA 等)通信模块应符合通信行业标准《900/1800MHz TDMA 数字蜂窝移动通信网通用分组无线业务(GPRS)设备技术要求：移动台》(YD/T 1214—2006)和《800 MHz CDMA 数字蜂窝移动通信网无线智能网(WIN)阶段 1：接口技术要求》(YD/T 1208—2002)的有关要求。

(5) 支持 Tep 与 UDP 两种通信方式，通信方式由主站设定，默认为 Tep 方式：在 Tep 通信方式下，终端初始化后和到心跳周期时，应主动与主站心跳 3 次，如不成功则在下一个心跳周期之前不再主动心跳：心跳周期由主站设置。

(6) 支持“永久在线\被动激活”两种工作模式；工作模式可由主站设定。

(7) 公网通信底层协议应符合《多功能电能表通信协议》(DL/T 645—2007)及其备案文件的要求。

第4章　智能电能表通信协议

4.1　IEC 62056 标准体系

IEC 62056 标准于 1999 年正式发布，2002 年开始有产品通过标准相关测试认证。该标准主要在欧洲获得普遍应用，目前国外主要的制造商有兰吉尔(Landis+Gyr)、西门子仪表(Siemens Metering)、爱拓利计量系统(Actaris Metering Systems)等，国内主要制造商有长沙威胜、科陆电子等。

2007 年，黑龙江省投资 20 亿元研制的电力载波抄表系统最终决定采用 IEC 62056 DLMS 通信规约。一些如兰吉尔 ZD400、Actaris SL7000 等支持 IEC 62056 DLMS 规约的电能表也正在国内被逐步运用。

4.1.1　IEC 62056 标准体系构成

IEC 62056 标准体系整体上分为两大部分，即 COSEM 和 DLMS，一部分是与通信协议、介质无关的电能计量配套技术规范(companion specification for energy metering，COSEM)，包括 IEC 62056-61(OBIS)和 IEC 62056-62(接口类)两部分；另一部分是依据 OSI 参考模型和 IEC 61334 制定的通信协议模型，即设备语言报文规范(device language message specification，DLMS)。该标准体系不仅适用于电能计量，而且是集电、水、气、热统一定义的标准规范，支持多种通信介质接入方式，其良好的系统互连性和互操作性是迄今为止较为完善的计量仪表通信标准。IEC 62056 标准体系主要包括六部分，如图 4-1 所示。

第 61 部分为《对象标识系统 OBIS》；第 62 部分为《接口类》；第 53 部分为《COSEM 应用层》；第 46 部分为《使用 HDLC 协议的数据链路层》；第 42 部分为《面向连接的异步数据交换的物理层服务和规程》；第 21 部分为《直接本地数据交换》。

此外还包含一些扩充部分：《DLMS 服务器通信协议管理》(IEC 62056-52)、《应用层协议》(IEC 62056-51)、《用于 IP 网络的 COSEM 传输层》(IEC 62056-47)、《使用广域网络的数据交换：PSTN》(IEC 62056-41)、《本地基带信号网络的使用》(IEC 62056-32)、《本地双绞线载波信号网络的使用》(IEC 62056-31)。

IEC 62056 标准体系主要针对 ISO 参考模型中的三个部分制定了技术规范：应用进程、应用层和低层通信协议。通过制定这些技术规范，使遵循这些规范的计量仪表、支撑工具以及其他系统组件具有互操作性，能够方便地进行系统集成。

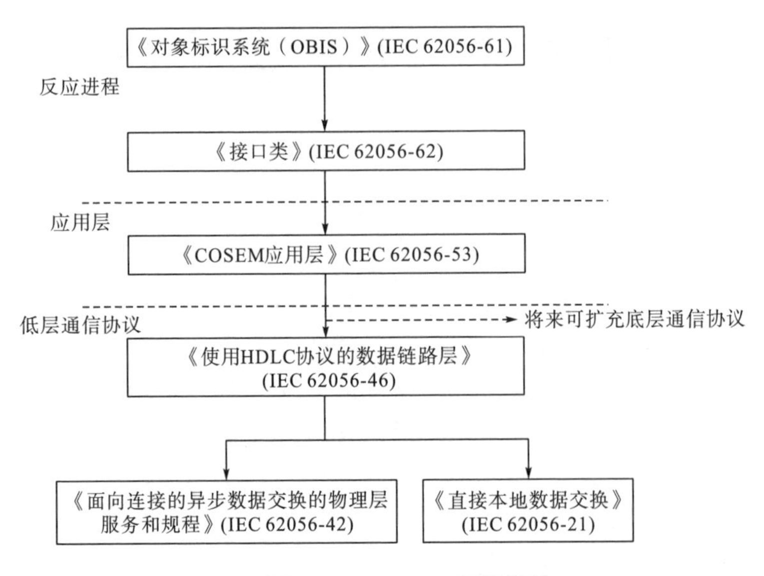

图 4-1 IEC 62056 标准框图

4.1.2 IEC 62056 提供的互联性和互操作性的技术保障

1. 《对象标识系统(OBIS)》(IEC 62056-61)

《对象标识系统(OBIS)》(IEC 62056-61)部分规定了对象标识系统(object identification system，OBIS)的结构，并为计量仪表中的每一个常用数据项都提供了唯一的标识码，数据项不仅包含测量值，而且还包含计量仪表的配置信息和表示计量仪表行为特征的抽象数据。标识码的定义基于 DIN-43863-3:1997，即《电气仪表-第三部分：费率计量装置作为电气仪表的附加设备-EDIS-电能数据标识系统》。该标准定义的 ID 码标识的对象包括：

(1)接口类的各种实例的逻辑名，其定义见 IEC 62056-62 标准；

(2)通过通信线传输的数据；

(3)计量仪表显示的数据。

目的在于对所有通过当地或远方数据交换进行人工或自动采集的数据项采取与制造商无关的方法进行唯一标识，实现制造商的设备和系统之间的互操作性。

OBIS 码是一个由 6 个数码组成的组合编码，其结构如图 4-2 所示，它以分层的形式描述了每个数据项的准确含义，各数码的用途如下。

A	B	C	D	E	F

图 4-2 OBIS 码结构

数码 A 用于标识抽象数据和被测能量的类型，如：抽象数据 0、电 1、热 6、气 7、冷水 8、热水 9 等；数码 B 用于标识测量通道号，如电能表输入测量通道的编号(供电馈路)；数码 C 用于标识与信息来源相关的抽象或物理数据项，如正向有功功率、电流、电压等；数码 D 用于标识定义类型或由数码 A 和 C 所标识的物理量按各种特定算法处理的结果，如：对正向有功功率求积分值得到正向有功电能、在固定时间间隔内求平均值得到正向有功平均功率、按固定区间和滑差子间隔进行时间滑动计算平均功率，得到正向有功最大需量及发生时间等；数码 E 用于标识针对由费率寄存器对测量结果所做的进一步处理，如正向有功电能按时间表执行的费率结果，也就是常说的正向有功总电能 0、费率 1、费率 2、费率 3 等；数码 F 用于标识结算和数据项的存储方式等，如正向有功总电能当月、上月等结算或底度值等，当测量值与结算周期无关时，此项编码为 255。

在 IEC 62056-61 中仅定义了用于电能的 OBIS 码，例如“正向有功总电能底度值”数据，其 OBIS 码为 1.1.1.8.0.255，表示能量类型为电类、测量通道号为 1、信息来源为正向有功功率、处理方法为积分值、费率类型为总费率、结算方式与结算周期无关。其他能量类型如水、气、热等的标识码在欧洲标准 EN 13757 中定义。

2. 《接口类》(IEC 62056-62)

《接口类》(IEC 62056-62)将《对象标识系统(OBIS)》(IEC 62056-61)中的数据项进行分类、归整，采用对象建模的方法构造了计量仪表通信的接口模型，规定了计量仪表的功能、数据显示和数据交换方式等，是 COSEM 的核心组成部分。COSEM 把计量仪表看成是公共事业部门商业过程的一个重要组成部分，从仪表通信的角度采用对象建模的方法建立了仪表的接口模型，它不包含仪表的数据采集和数据处理方面的内容，从“外部”来看，这个接口模型代表了计量仪表在商业过程中的“行为特征”。

接口模型由数据、寄存器、扩展寄存器、需量寄存器、通用曲线等 23 个接口类组成，如图 4-3 所示。这些接口类的实例即为对象，所有对象的第一个属性都是逻辑名，即 OBIS 码。逻辑名连同类标识码和版本号一起，唯一标识对象包含信息的含意，并与厂家无关。按照面向对象的程序设计方法，各种不同接口类的集合构成了一个标准类库，制造商从这个标准类库中选择一个子集来建立自己产品的模型，并进行产品设计，这种标准化仪表接口类库的概念为不同的用户和制造商提供多种多样的选择而且又不失互操作性。

COSEM 的理念是非常清晰的，它希望简化计量仪表的通信设计，制造商可以把精力集中在提高产品性能的核心技术的开发方面，为用户提供快捷和高水平的服务，避免在仪表通信部分耗费大量的精力进行低水平重复开发。

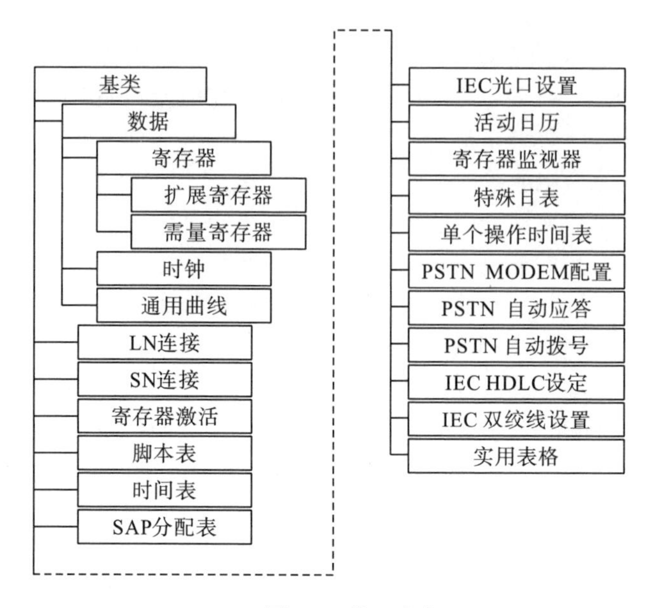

图 4-3 接口类库

使用 DLMS/COSEM 标准与计量仪表通信基于客户机/服务器模型，其中计量计费系统主站(或其他抄表设备)充当客户机，计量仪表充当服务器，给客户机提供服务，因此在 DLMS/COSEM 中，计量仪表也称为 COSEM 服务器。如图 4-4 所示，COSEM 服务器模型为三层体系结构。

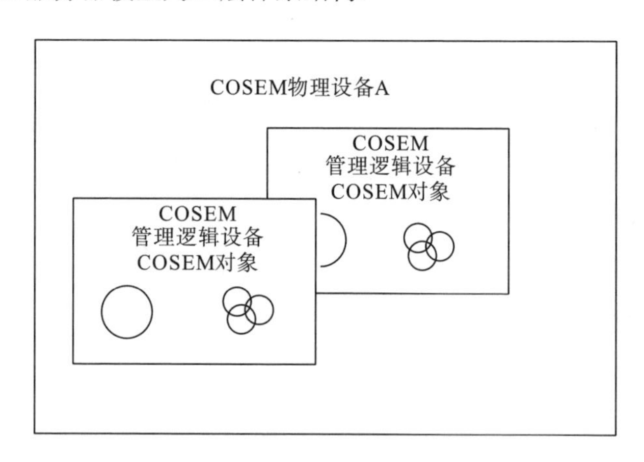

图 4-4 COSEM 服务器模型

第一层：物理设备。它包含一个或多个逻辑设备，其中一个必须是管理逻辑设备，用来抽象表示物理电能表。

第二层：管理逻辑设备。它包含一组可访问 COSEM 对象，用来表示计量仪表的功能单元。

第三层：COSEM 对象。它是构建逻辑设备的功能模块，即 COSEM 对象模型。

图 4-5 演示如何使用 COSEM 服务器模型来构建一块具有简单功能电能表的模型，该模型包括 1 个管理逻辑设备和 4 个可访问的 COSEM 对象：管理逻辑设备名(logical device name)对象、正向有功总电能底度值寄存器对象、正向有功费率电能底度值寄存器对象、连接对象 A(association)。

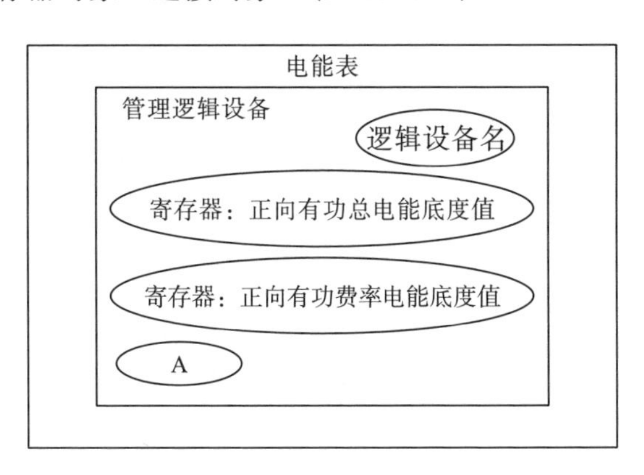

图 4-5　具有简单功能电能表的模型

COSEM 对象通过选择接口类来实现。例如，图 4-5 中电能表的“寄存器：正向有功总电能底度值”对象，可以选择“寄存器”类实现。该类共有 3 个属性(逻辑名、值、倍率和量纲)和 1 个方法(复位)，“逻辑名”属性表示该寄存器的 OBIS 码；“值”属性表示该寄存器保存的测量值或状态值；“倍率和量纲”属性表示值属性的倍率和量纲；“复位”方法可以对该寄存器的值清零。正向有功总电能底度值寄存器对象通过“寄存器”类的实例化对象来实现，其属性分别为 1.1.1.8.0.255、1483、10^1Wh，表示该“正向有功总电能底度值寄存器”为 14.83kWh。根据不同需要，按照上述过程用各种对象如同搭“积木”一样可以构建各种类型的电能表。通过定义“积木块”来实现电能表的整体功能，具有最大限度的灵活性，既可以覆盖大范围的产品——从非常简单的居民表到复杂的多功能电能表，又具有可扩展性来满足将来需求[31]。

在解除管制的市场中，所有参与者都需要得到数据，但通常只有部分数据访问权限。为了满足这种市场需求，使用“连接”对象来控制访问方式。“连接”对象针对不同的客户，执行相应的身份验证机制，提供不同层次的信息。安全级别分为最低、低、高三种。最低安全级别主要在数据采集系统获取未知仪表的结构时使用。低安全级别为客户机身份验证提供了一个密码。它主要在信道能够提供充分保证防止偷听和报文(密码)反演时采用。高级安全是一个四步验证的过程，采用加密算法和密钥。使用高级安全时，客户机和服务器都需要进行验证。这种验证机制在信道不能提供充分保证防止偷听和报文(密码)反演时采用。COSEM规范没有规定加密算法。另外在COSEM应用层中也使用了加密技术。

3.《COSEM应用层》(IEC 62056-53)

为在通信介质中传输COSEM对象模型，IEC 62056参照ISO参考模型，制定了简化的三层通信模型，包括应用层、数据链路层(或中间协议层)和物理层，如图4-6所示[32]。COSEM应用层完成对COSEM对象的属性和方法的访问，将信息转换为字节串，通过低层通信协议在对等的应用层之间传送这些信息，实现了对象模型与低层通信协议隔离。对于各种类型的通信介质，只需更换与其配套的低层通信协议，丝毫不会影响COSEM应用层及对象模型。

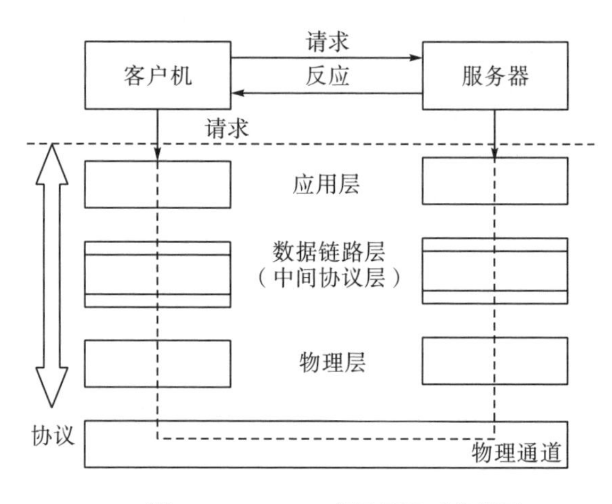

图4-6 COSEM应用层及对象模型

COSEM应用层是在DLMS的基础上制定的。DLMS原来是指配电线报文规范，它是一个应用层规范，与低层通信协议和信道无关，是为支持配电设备在计算机集成环境中进行发送和接收报文通信而设计的，它由IEC TC 57制定成国际标准IEC 61334-4-41。为了给结构化建模和仪表数据交换提供具有互操作性的环境，这一概念后来发展成为设备语言报文规范，用于支持如远方抄表、负荷控制/管理和增值服务等应用，并适用于计量各种能量类型，如电、水、气和热等。COSEM的主要目的是为计量设备或系统提供一个面向商业领域的对象模型，同时保持与现存DLMS标准的兼容性，为了达到这些目的，COSEM包容并发展了DLMS。除了与原有DLMS标准保持完全兼容外，COSEM还通过使用COSEM对象来满足计量的特定需求。

使用COSEM接口类于仪表通信基于客户机/服务器模型，计量仪表在此模型中充当服务器的角色。通常情况下，客户机和服务器的应用进程分别位于不同的设备，它们之间的信息交换借助通信协议来实现，如图4-6所示。

对 COSEM 对象的引用可以使用对象的逻辑名，即 OBIS 码，但是为了兼容以前的计量仪表，还可以采用短名来引用 COSEM 对象方法和属性。因此服务器侧 COSEM 应用层提供两套机制和 DLMS 服务集来访问对象的方法和属性。短名引用从以前的 DLMS 标准继承而来，逻辑名引用则是为了支持对象模型对 DLMS 标准进行了扩展。客户机侧应用层总是使用逻辑名引用。

当使用短名引用时，每个对象的属性和方法首先必须映射到由 DLMS 命名的变量。通过读取“短名连接”对象的 object_list 属性可以获得分配给计量设备的基本名。短名引用通过 COSEM 应用层的 READ 和 WRITE 服务实现。

当使用逻辑名引用时，属性和方法可通过对象的逻辑名，即 OBIS 码，并在确定该属性和方法的索引值之后进行访问。逻辑名引用通过 COSEM 应用层的 GET、SET(对于属性)和 ACTION(对于方法)服务实现。

4. 低层通信协议

低层通信协议指三层通信模型中的数据链路层和物理层，用来实现计量仪表和数据采集系统之间的信息报文传送。由于计量仪表通信大多采用面向连接的异步通信，所以采用了在国际上经过广泛认可的使用 HDLC 协议的数据链路层，在 IEC 62056-46 中定义，同时支持 PSTN、GSM、双绞线(RS485)等。由于 IEC 1107 通信协议应用广泛，对该协议进行扩充后制定了 IEC 62056-21，能够支持 COSEM 对象，用于通过光口或电流环实现直接本地数据交换。

为使计量仪表的 COSEM 对象模型通过其他通信介质传输，如 Internet、GPRS 等，只需要更换低层通信协议即可，通信介质仅依赖低层通信协议，而不会影响 COSEM 应用层及 COSEM 对象模型。

4.1.3　IEC 62056 的特点

相对于其他常用的计量仪表通信协议，如 IEC 1107、IEC 62056-31、IEC 60870-5-1 以及北美使用的通信协议 ANSI C12.18(光口)、C12.19(公用表)和 C12.21(电话通信)和国内使用的 DL/T645 等，IEC 62056 标准体系能够支持各种各样的商务活动，支持变革与竞争，并显著降低系统生存周期费用，这是 IEC 62056 与其他通信协议标准的本质区别。该标准体系的特点有四点。

(1)定义了对象模型，该模型适用于各种能量类型，包括电、气、水、热等。每个对象都有一个唯一的标识码，用来标识在界面上显示和通信线路上传输的数据。该模型还支持厂家自定义实例、属性和方法，并可增加新的接口类和版本而不会改变访问对象的服务，从而实现了互操作性。

(2)接口类将仪表功能进行了标准化，包括寄存器、需量记录、费率和活动时间表、时钟同步处理以及能量质量监测等。同时定义了属性值的数据类型，并将数据类型随同数据一起传送，从而保证数据含意不会出现二义性，确保了数据的溯源性和一致性。

(3)支持多用户访问，具有多重身份验证和访问权限机制，确保数据的安全性。

(4)由于对象模型完全做到了与通信介质无关，因而可以广泛选择通信介质，无须改变模型和数据采集系统的应用程序。

与其他协议不同，在数据采集系统中需要为每一个新的计量仪表型号定制专用的设备驱动程序，而该标准体系支持构建一个通用的设备驱动程序，一个客户机系统既可以支持全部标准化的性能，又可以支持特殊性能。

4.1.4 IEC 62056 在计量领域的应用

IEC 62056 标准体系目前在国际上得到了广泛的认可，并已经应用于多种能量计量领域(如电、热水、冷水、气、热等)的仪表、集中器、计量计费系统、自动抄表系统、负荷控制和管理系统、配电自动化系统和其他增值服务等。国外一些知名厂家已经生产出遵循该标准的计量仪表和计量计费系统。

IEC 62056 标准体系完全支持各种类型计量仪表的应用，包括复杂仪表(如关口表和大用户表)和简单仪表(如居民用户表)。制造厂家只需根据具体需要，从标准化的对象库中选取适当的对象来实现各种各样的功能，生产厂家还可以采用标准化的方法，自定义对象来实现对于厂家的独特功能。这种标准化的对象库及设计方法既能保证各个厂家遵循统一的标准，又不会限制每个厂家的创新能力。

IEC 62056 标准同样适用于集中器的设计。集中器的作用是采集、存储、处理多块表计的数据，可通过服务器模型具体实现，表计通过逻辑设备模型来实现，每块表计的数据则通过每个逻辑设备中的对象来实现。这种方法同样可应用于同时计量多种能量类型的组合式计量仪表以及多用户表的设计之中。

IEC 62056 标准亦适用于计量计费系统的设计。系统主站只需构建一个通用的设备驱动程序，就能支持不同厂家不同型号表计以及多种能量类型，通信介质升级换代也不会影响主站的应用程序，克服了以往系统主站需要为每一个新的计量设备类型定制专用的设备驱动程序的弊端。

4.2 《多功能电能表通信协议》(DL/T 645—2007)

《多功能电能表通信协议》内容简介为：本标准是根据《国家发展改革委办公厅关于印发 2006 年行业标准项目计划的通知》(发改办工业〔2006〕1093 号)的安排，对《多功能电能表通信规约》(DL/T 645—1997)的修订。制定本标准是为统一和规范功能电能表与数据终端设备进行数据交换时的物理连接和协议。信息量的确定以《多功能电能表》(DL/T 614—2007)为依据。本标准的实施将规范多功能电能表的通信接口，完善事件记录、冻结量、负荷记录的具体抄读规则，为人工抄表，实现远方信息传输，提高用电管理水平起到推进作用。《多功能电能表通信协议》的主要内容如图 4-7 所示。

DL/T 645—2007

目　次

图 4-7　多功能电能表通信协议主要内容

4.3　DL/T 645—2007 与 IEC 62056 标准的差异

4.3.1　DL/T 645—2007

DL/T 645—2007 是对 DL/T 645—1997 的继承和发展，延续了其简洁、实用的风格，各部分主要改进如下。

范围除适用于多功能电能表外，其他具有通信功能的电能表可参照使用。

规范性引用文件部分删除了在标准正文中未涉及和不适用的技术标准。引入了新颁布的相关技术标准。

术语和定义部分新增 9 个术语。将“费率装置”全部用“多功能电能表”替换。

物理层部分校正了一些表述不准确的红外光口接口参数，将“传输速率”“波特率”等多种称谓统一为“通信速率”，并给出每种信道的缺省速率(取代“初始速率”称谓)。

数据链路层部分对控制码重新进行了分配和扩充，明确了地址域、前导字节、通信速率和传输响应等应用中容易引起歧义的概念，从站接收到命令后做出响应，避免了从站执行耗时较长的任务，导致主站长期等待超时而判错的情况发生。

数据标识编码由 2 字节扩展至 4 字节，取消数据集合定义，引入 ASCII 码表示电能表型号、协议版本号等BCD码难以表征的字符信息。

应用层新增读写通信地址、冻结、电能表清零和事件清零等帧格式，取消“重读数据”帧定义，对其余命令进行了完善和规范；规定写数据、最大需量清零、电能表清零和事件清零等操作，从校核操作权限及密码到记录操作者代码，大大提升了重要操作的安全性。最大需量清零命令只使当前最大需量及发生时间数据清零，去掉了与命令名称不符的数据滚动存储操作。

数据标识编码表部分是篇幅扩充最大的部分，新增事件记录、冻结和负荷记录数据标识编码表。变量数据标识编码表对三相三线多功能表的分相参数进行了约定，增加了各变量数据块。参变量数据标识编码表新增自动循环显示、按键循环显示参变量。在具体应用上，历史数据存储从3个周期扩展到12个周期，费率数从14个扩展至64个，新增组合有功电能、组合无功电能、分相电能、谐波电能、铜损(铁损)电能补偿量等数据。全表按照4字节编码原则进行了细致划分和排序。

特征字部分新增电能表运行状态字(6个)，有功、无功组合方式特征字，负荷记录模式字，冻结数据模式字，对通信速率特征字、错误信息字进行了重新定义。

有功和无功功率几何示意图部分物理意义未变，但展示形式有所区别，横轴表示有功，竖轴表示无功，四象限是按逆时针排列的，电流 I 为参考矢量。

4.3.2 IEC 62056

IEC 62056标准体系采用对象标识、对象建模、对象访问和服务、通信介质接入方式等，具有分类清晰、扩展性强等长处。但IEC 62056也有以下不足：IEC 62056通信规约结构复杂，专业术语较多，不够简明实用，势必给该标注体系的推广、传播带来障碍；且国内在抄表领域迅速发展的需求、细节，在IEC 62056中都未确定，若匆忙在国内完全等同采用该标准，一旦具体实施，将会发现还有很多问题需要回答；IEC 62056接口类的发展和维护完全由DLMS用户协会掌握，对该标准在国内的后续发展、升级是不利的。

而DL/T 645—1997结构简单、通信稳定，在DL/T 645—1997框架基础上进行修订，同时吸纳相关国际标准先进部分，形成《多功能电能表通信协议》(DL/T 645—2007)，有着明显的优势。

4.4 综合误差的评定

考察表计的综合性能，综合各类影响电能表计量性能的影响量，计算综合误差限值，并通过实测数据判断表计是否满足要求。

综合误差限值评估方法，需要考虑最大允许误差、电压变化、频率变化、不平衡变化量、谐波变化、温度变化等影响，得出两种综合误差计算。

综合误差计算方法一：

$$e_c(p,i)=\sqrt{e^2(PF_p,I_i)+\delta e_{p,i}^2(T)+\delta e_{p,i}^2(U)+\delta e_{p,i}^2(f)}$$

式中，$e^2(PF_p,I_i)$——测试过程中测量仪表在电流 I_i 和功率因数 PF_p 的基本误差；$\delta e_{p,i}^2(T)$、$\delta e_{p,i}^2(U)$、$\delta e_{p,i}^2(f)$——在电流点 I_i 和功率因数为 PF_p 时，电压、温度、频率在额定的工作范围内单独变化时分别测量出的最大附加误差。

综合误差计算方法二：

$$v=2\times\sqrt{\frac{v^2{}_{\text{base}}}{4}+\frac{v^2{}_{\text{voltage}}}{4}+\frac{v^2{}_{\text{frequency}}}{4}+\frac{v^2{}_{\text{harmonic}}}{4}+\frac{v^2{}_{\text{tilt}}}{4}+\frac{v^2{}_{\text{temperature}}}{4}}$$

式中，v_{base}——将测量不确定度考虑在内的基本最大误差的测试值；v_{voltage}、$v_{\text{frequency}}$、v_{harmonic}、v_{tilt}、$v_{\text{temperature}}$——将测量不确定度考虑在内的电压改变、频率改变、三相不平衡、谐波影响、温度影响最大误差的测试值。

通过误差分析，可得出智能电能表的总误差最大值，可以选用更好的通信协议以便于设计智能电能表。

第5章　智能电能表通信协议规范性通信架构

下列文件对于本章内容的应用是必不可少的。

(1)《信息技术　抽象语法记法(ASN.1)第 1 部分基本记法规范》(GB/T 16262.1—2006);

(2)《多功能电能表通信协议》(DL/T 645—2007);

(3)《采用配电线载波系统的配电自动化 第 6 部分 A-XDR 编码规则》(DL/T 790.6—2010);

(4)《微处理器系统的二进制浮点运算》(GB/T 17966—2000);

(5)《电能信息采集与管理系统第 4-5 部分:面向对象的互操作性数据交换协议》(DL/T 698.45—2017)。

5.1　术语、定义和缩略语

(1)面向对象的互操作性数据交换协议(object oriented interoperability data exchange protocol):基于面向对象建模方法建立的一套适用于采集系统的互操作性协议。面向对象建模以接口类实现继承关系,以对象来封装数据及操作,以对象为互操作的基本要素。

(2)对象标识(object identify):标识终端中对象唯一名称的编码。

(3)逻辑名(logical name):用于标识接口类的实例,它是接口类的第一个属性,它的值与对象标识一致。

(4)类标识码(class ID):用于区别对象接口类的标识码,相当于接口类的名称。

(5)服务器地址(server address):客户机/服务器(client/server)访问模型中的服务器(server)的通信地址。

(6)逻辑地址(logic address):终端的服务器模型中逻辑设备的地址。

(7)客户机地址(client address):客户机/服务器(client/server)访问模型中的客户机(client)的通信地址。主站访问采集终端时,采集终端为服务器,主站为客户机;主站访问电能表时,电能表为服务器,主站为客户机;采集终端访问电能表时,电能表为服务器,采集终端为客户机。

(8)采集启动时标(acquisition start time):启动一次采集任务时的设备时钟当

前值，其值只与启动时刻有关，与执行的时间长短无关。

(9) 采集成功时标(acquisition time)：客户机成功接收到服务器响应时的设备时钟当前值。

(10) 采集存储时标(acquisition storage time)：对采集到的数据进行存储的时间。

(11) 采集规则(acquisition rules)：描述采集设备采集的数据的内容及其对应关系。

(12) 组地址(group address)：具有某一相同属性的设备群组编码，如属于同一行业、同一变电站、同一线路，可以响应同一个命令。

(13) 通配地址(the wildcard address)：在十进制编码表示的地址码中出现一位或多位采用了通配符的地址码被称为通配地址。

(14) 消息鉴别码(message authentication code)：消息鉴别码算法的输出。

5.2　符号和缩略语

符号和缩略语如表 5-1 所示。

表 5-1　符号和缩略语

符号和缩略语	全文	表示
A	address	地址域
ACD	ask call demand	请求访问标识
AD	acquired data	采集数据
APDU	application layer protocol data unit	应用层协议数据单元
A-XDR	adapted extended data representation	可调整的扩展数据表示
B	binary	二进制
CA	client address	客户机地址
CSD	column selection descriptor	列选择描述符
DAR	data access result	数据访问结果
DIR	direction	传输方向位
ESAM	embedded secure access module	嵌入式安全控制模块
FCS	frame check sum	帧校验
H	hex	十六进制
HCS	head check sum	帧头校验
IC	interface class	接口类
LSB	least significant bit	最低有效位
MAC	message authentication code	消息鉴别码
MS	meter set	电能表集合
OAD	object attribute descriptor	对象属性描述符
OI	object identify	对象标识
OMD	object method descriptor	对象方法描述符
PIID	priority and invoke ID	序号及优先标志

续表

符号和缩略语	全文	表示
PIID-ACD	priority and invoke id with ACD	带请求访问标识的序号及优先标志
PRM	primary request message	启动标识位
RCSD	record column selection descriptor	记录列选择描述符
RN	random numbers	随机数
ROAD	record object attribute descriptor	记录型对象属性描述符
RSD	record selection descriptor	记录选择描述符
SA	server address	服务器地址
TI	time interval	时间间隔
TSA	target server address	目标服务器地址
::=	—	定义为

5.3 数据链路层

5.3.1 帧结构

1. 帧格式

本部分采用异步式传输帧结构，定义如图 5-1 所示。

起始字符（68H）	帧头
长度域L	
控制域C	
地址域A	
帧头校验HCS	
LLC帧头（68H）	用户数据帧头
链路用户数据	链路用户数据（应用层）
帧校验FCS	帧尾
结束字符（16H）	

图 5-1 帧格式定义

2. 长度域 *L*

长度域 L 由 2 字节组成，定义如图 5-2 所示。

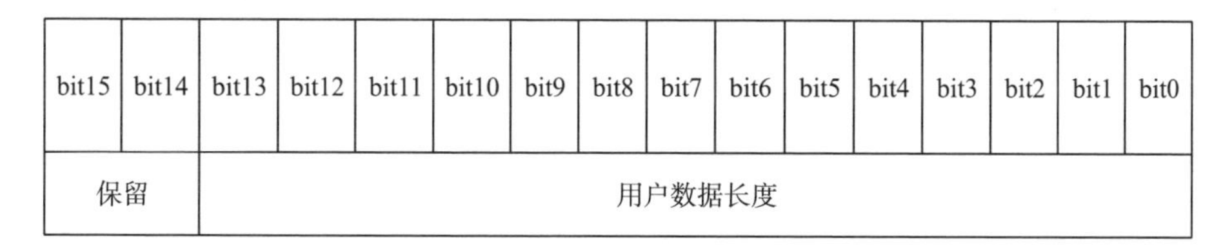

图 5-2　长度域定义

用户数据长度：由 bit0～bit13 组成，采用 BIN 编码，是传输帧中除起始字符和结束字符之外的帧字节数。

3. 控制域 *C*

控制域 *C* 由 1 个字节组成，按位或位的组合使用，定义如图 5-3 所示。

bit7	bit6	bit5	bit4	bit3	bit2	bit1	bit0
传输方向位 DIR	启动标识位 PRM	分帧标识位	保留		功能码		

图 5-3　控制域 C 定义

1) 传输方向位及启动标识位

传输方向位：DIR=0 表示此帧是由客户机发出的；DIR=1 表示此帧是由服务器发出的。

启动标识位：PRM=1 表示此帧是由客户机发起的；PRM=0 表示此帧是由服务器发起的。

DIR 和 PRM 组合意义如表 5-2 所示。

表 5-2　DIR 和 PRM 组合意义

DIR	PRM	组合意义
0	0	客户机对服务器上报的响应
0	1	客户机发起的请求
1	0	服务器发起的上报
1	1	服务器对客户机请求的响应

2）分帧标识位

分帧标识位为 1，表示此帧链路用户数据为 APDU 片段，收齐所有片段，按片段序号合并后为完整 APDU；分帧标识位为 0 表示此帧链路用户数据为完整 APDU。

3）功能码

功能码采用 BIN 编码，定义如表 5-3 所示。

表 5-3　功能码定义

功能码	服务类型	应用说明
0	保留	—
1	链路管理	链路连接管理（登录、心跳、退出登录）
2	保留	—
3	用户数据	应用连接管理及数据交换服务
4～7	保留	—

4. 地址域 *A*

地址域 *A* 由可变字节数的服务器地址 SA 和 1 字节的客户机地址 CA 组成，定义如图 5-4 所示。

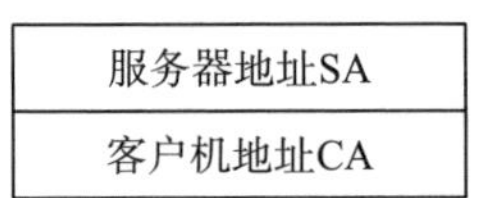

图 5-4　地址域定义

5. 服务器地址 SA

服务器地址由地址类型、逻辑地址、地址长度 *N* 及其 *N* 个字节地址组成，定义如图 5-5 所示。

bit7	bit6	bit5	bit4	bit3	bit2	bit1	bit0	
地址类型		逻辑地址		地址长度*N*				1字节
地址								*N*字节

图 5-5　服务器地址定义

服务器地址第一个字节用 bit0～bit7 表示该字节八位位组的最低位到最高位，定义为：

(1) bit0～bit3 为地址的字节数，取值范围为 0～15，对应表示 1～16 个字节长度；

(2) bit4、bit5 为逻辑地址；

(3) bit6、bit7 为服务器地址的地址类型，0 表示单地址，1 表示通配地址，2 表示组地址，3 表示广播地址。

6. 单地址

当服务器地址 SA 的地址类型为单地址时，其地址长度为可变长度，字节数由地址长度域表示，最长为 16 字节，取值范围为 1～99999999999999999999999999999999，0 保留，其排列是高位在前，低位在后，十进制每两位占一字节，用 bit0～bit7 表示一字节八位位组的最低位到最高位，各字节中 bit4～bit7 对应十进制高位，bit0～bit3 对应低位，为压缩 BCD 码方式，即每字节二进制高低各 4 位分别编码表示两个 0～9 的十进制数，且分别对应十进制数的高低两位。当排列的最后字节中的十进制低位(即 bit0～bit3)为 FH 时，表示为无效，也就是说当服务器地址的十进制位数为奇数时，最后字节的 bit0～bit3 用 FH 表示。举例如下[32-35]。

单地址=12345678 的排列如图 5-6 所示。

	LSB		LSB		LSB		LSB
1	2	3	4	5	6	7	8
第1字节		第2字节		第3字节		第4字节	

图 5-6　单地址=12345678 的排列

单地址=123456789 的排列如图 5-7 所示。

	LSB		LSB		LSB		LSB		LSB
1	2	3	4	5	6	7	8	9	F
第1字节		第2字节		第3字节		第4字节		第5字节	

图 5-7　单地址=123456789 的排列

7. 通配地址

当服务器地址的地址类型为通配地址时，其地址长度为可变长度，字节数由地址长度域表示，排列是高位在前，低位在后，十进制每两位占一字节，用 bit0～bit7 表示一字节八位位组的最低位到最高位，各字节中 bit4～bit7 对应十进制高位，bit0～bit3 对应低位，为压缩 BCD 码方式，即每字节二进制高低各 4 位分别编码表示两个 0～9 的十进制数或通配符 AH，且分别对应十进制数的高低两位。当排列的最后字节中的十进制低位(即 bit0～bit3)为 FH 时，表示为无效，也就是说当服务器地址的十进制位数为奇数时，最后字节的 bit0～bit3 用 FH 表示。

通配符对应十进制按位使用，即：通配地址的某些十进制位为 AH，表示该位可为 0～9 的任意值，同时，凡不大于传输帧中通配地址所能表示的最大值的，且符合通配地址要求的服务器地址被选中。举例如下。

通配地址=12345678A，其排列如图 5-8 所示，表示服务器地址不大于 999999999 的且符合 123456780～123456789 的服务器都需响应。

图 5-8 通配地址=12345678A 的排列

8. 组地址

当服务器地址 SA 的地址类型为组地址时，同 6.单地址。组地址对系统中凡是属于该群组的服务器都有效，但都无须回答。

9. 广播地址

当服务器地址 SA 的地址类型为广播地址时，广播地址=AAH。广播地址对系统所有服务器都有效，但都无须回答。

10. 客户机地址 CA

客户机地址 CA 用 1 字节无符号整数表示，取值范围为 0～255，值为 0 表示不关注客户机地址。

11. 帧头校验 HCS

帧头校验 HCS 为 2 字节，是对帧头部分除起始字符和 HCS 本身之外的所有字节的校验。

12. 链路用户数据

链路用户数据包含一个完整的应用层协议数据单元(APDU)字节序列或 APDU 的分帧片段，APDU 定义见 6.3.3 节。

13. 帧校验 FCS

帧校验 FCS 为 2 字节，是对整帧除起始字符、结束字符和 FCS 本身之外的所有字节的校验。

5.3.2　字节格式

帧的基本单元为 8 位字节。链路层传输顺序为低位在前，高位在后；低字节在前，高字节在后。

5.3.3　传输规则

1. 字节规则

字节规则包括 7 点。

(1) 采用串行通信方式实现本地数据传输，在发送数据时，在有效数据帧前加 4 个 FEH 作为前导码。

(2) 线路空闲状态为二进制 1。

(3) 帧的字符之间无线路空闲间隔，两帧之间的线路空闲间隔最少需 33 位。

(4) 如检出了差错，两帧之间的线路空闲间隔最少需 33 位。

(5) 帧头校验 HCS 和帧校验 FCS。

(6) 接收方校验：

①对于每个字符，校验起动位、停止位、偶校验位。

②对于每帧：

a. 检验帧头中的起始字符和帧头校验 HCS；

b. 识别长度 L；

c. 每帧接收的字符数为长度域 L+2；

d. 帧校验 FCS；

e. 结束字符；

f. 校验出一个差错时，将线路空闲间隔；

若这些校验有一个失败，舍弃此帧；若无差错，则此帧数据有效。

2. 分帧规则

当一个完整的应用层协议数据单元长度超过发送帧最大尺寸时，可采用分帧传输。分帧数据接收端应对分帧传输进行逐条确认。采用分帧传输时，控制域中分帧标志位置为 1。

分帧传输时，链路层的链路用户数据为分帧传输帧，分帧传输帧格式定义如图 5-9 所示。分帧传输的确认帧仅包含分帧格式域，不含 APDU 片段。

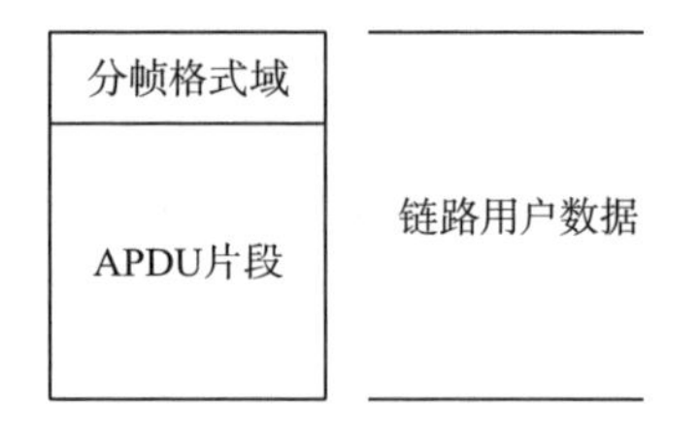

图 5-9 分帧传输帧格式定义

分帧格式域为 2 字节，按位或位的组合使用，具体定义如图 5-10 所示。

bit7	bit6	bit5	bit4	bit3	bit2	bit1	bit0
bit15	bit14	bit13	bit12	bit11	bit10	bit9	bit8

图 5-10 分帧格式域定义

bit0～bit11：表示分帧传输过程的帧序号，取值范围为 0～4095，循环使用。

bit12～bit13：保留。

bit15=0，bit14=0：表示分帧传输数据起始帧。

bit15=1，bit14=0：表示分帧传输确认帧(确认帧不包含 APDU 片段域)。

bit15=0，bit14=1：表示分帧传输最后帧。

bit15=1，bit14=1：表示分帧传输中间帧。

分帧数据交换可用于服务器或客户机任意一侧，可用于主动发起的数据服务或者被动应答的数据服务，分帧传输的数据内容，不可自解析，必须收齐所有数据块，组合后，才可得到完整的一个 APDU 应用数据单元。

由服务器或客户机启动传输的数据请求服务的分帧时序如图 5-11 所示。

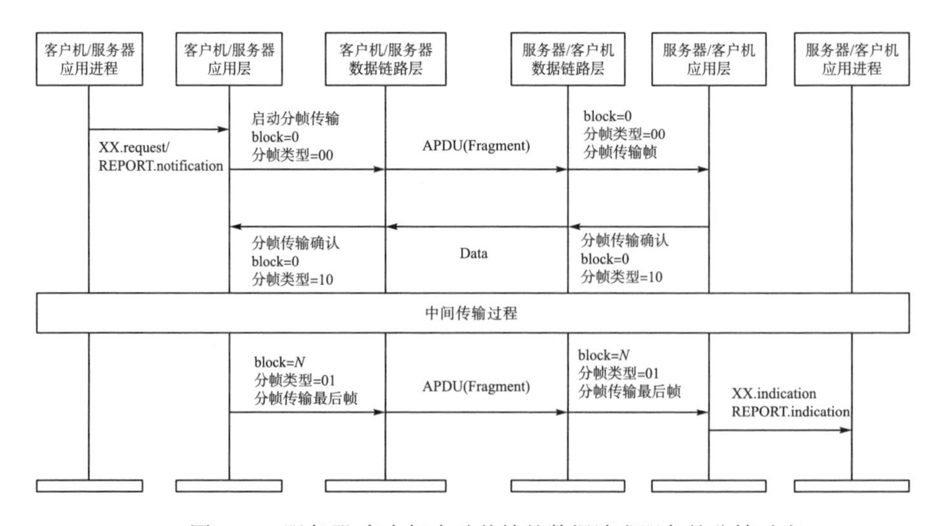

图 5-11 服务器/客户机启动传输的数据请求服务的分帧时序

服务器响应客户机数据请求的服务分帧时序如图 5-12 所示。

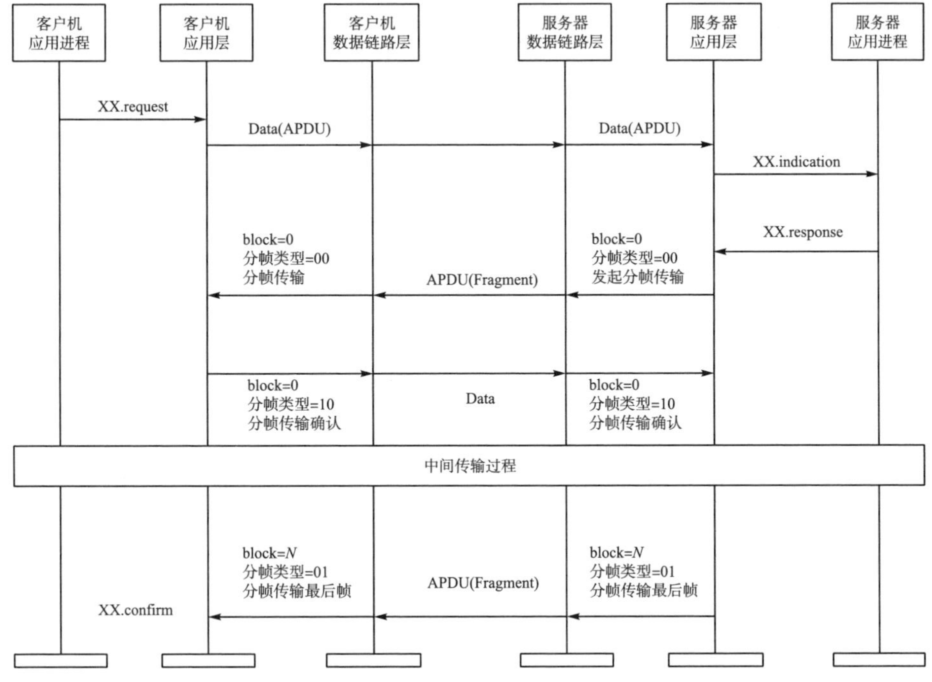

图 5-12　服务器响应客户机数据请求的服务分帧时序

分帧传输格式域包含分帧序号(block)、分帧类型(type)，分帧的第一帧数据，block=0，type=0；分帧的最后一帧，block=*N*(*N* 为实际包序号)，type=1，分帧传输完毕。

分帧传输确认，type=2，block 为最近一次收到正确的帧序号。对端在接收到该确认报文后应准备并传输下一个数据块，此数据块包含分帧序号 block=上次正确发送的帧序号+1，这样数据块的交换和确认应正常继续下去，直到发送完最后一个数据块，在接收到最后一个数据块后，分帧传输过程完成。

第6章　智能电能表通信协议规范性应用层架构

6.1　应用层服务规范

6.1.1　应用层服务概述

1. 应用层服务对象组件

应用层服务对象是构成客户机和服务器应用层的主要组件，它使用数据链路层提供的服务，服务规范包含客户机和服务器应用进程在各自应用层的逻辑接口，并向应用进程提供服务。客户机和服务器的应用服务对象都包括预连接、应用连接和数据交换三个必备组件。

2. 预连接

预连接服务适用于交换网络传输信道，如以太网、GPRS 等，当其完成物理连接，建立透明通道后，需要在此通道上建立预连接并进行管理。

预连接对应客户机和服务器各自应用层提供的服务(表 6-1)。

表 6-1　应用层提供的预连接服务

服务名称	客户机应用层服务	服务器应用层服务
预连接	LINK(.indication，.response)	LINK(.request，.confirm)

预连接服务(LINK)由服务器发起，客户机响应，LINK 服务包括三方面内容。

(1)登录：在完成物理连接，建立透明通道后，服务器应用进程按预连接配置参数向指定客户机发出登录请求，客户机应用进程给予确认，完成预连接。

(2)心跳：服务器采用该方式来保证预连接通道处于活动状态。

(3)退出登录：在建立预连接后，不允许服务器主动断开。若要变更，需重新配置服务器预连接参数，服务器在重启后生效；或接收到客户机执行“复位”方法后，向原客户机发出退出登录指示，然后再按照新配参数执行新的预连接登录。

对于本地通信信道，如 RS-485、红外通信等，当物理连接建立时，默认预连接的通道即存在，不需要额外建立以及预连接管理。

3. 应用连接

1)应用连接窗口

为访问服务器的接口类对象，首先要建立一个应用连接，并创建一个可以相互通信的语境。这个语境主要包含：应用语境的信息、使用身份验证机制的信息，以及其他需要的信息，这些信息包含在应用连接的接口类对象中。

服务器可以授予不同的访问权限给应用连接，访问权限涉及一组接口类对象，这组对象可以在给定的应用连接内被访问，即可视对象。

客户机可以通过读取应用连接对象的“可访问对象列表”属性而获得可视对象列表，即应用连接窗口，并利用应用连接对象所提供的方法，在已建立的应用连接内获得当前语境等更多的信息[36-38]。

在预连接通道上，默认具有一个最低权限级别的应用连接窗口，即预建立的应用连接窗口，在此窗口内，客户机不需要进行应用连接协商以及安全认证等便可访问该应用连接窗口的内容。

2)建立和断开应用连接

建立应用连接(CONNECT)，由客户机向服务器发起，用于确认客户机和服务器双方通信的应用语境，包含协议一致性、功能一致性以及安全认证等内容。

服务器可同时支持若干个应用连接，互不干扰，但对同一个客户机，同时仅支持一个应用连接，当同一个客户机再次请求建立应用连接时，服务器如接受了客户机的再次请求，则前一个应用连接自动失效。

断开应用连接(RELEASE)用于正常断开一个已经建立的应用连接。由于不允许服务器提出正常断开应用连接的请求，所以 RELEASE.request 服务只能由客户机提出，并且通常情况下，服务器不得拒绝此请求。

每一个应用连接在建立过程中，可以协商应用连接的静态超时时间，当连续无通信时间达到静态超时时间后，服务器将使用 RELEASE.notification 通知客户机，应用连接失效将被断开，此服务不需要客户机做任何响应。

应用连接对应客户机和服务器各自应用层提供的应用连接服务如表 6-2 所示。

表 6-2 应用层提供的应用连接服务

服务名称	客户机应用层服务	服务器应用层服务
客户机建立应用连接	CONNECT(.request，.confirm)	CONNECT(.indication，.response)
客户机断开应用连接	RELEASE(.request，.confirm)	RELEASE(.indication，.response)
超时断开应用连接	—	RELEASE(.notification)

3)预连接时建立的应用连接

预连接时建立的应用连接不需要使用 CONNECT 服务，即认为 CONNECT 已经完成，因此，预连接时建立的应用连接可以看成是在客户机和服务器之间完成预连接时应用连接已经存在，任何时候它都不能被断开，仅具有最低权限级别，窗口内容由服务器定义。这种应用连接简化了客户机和服务器之间的数据交换，省掉了建立和断开应用连接阶段，仅有数据交换阶段。当客户机需要得到较高权限的服务器服务时，客户机必须发起建立较高权限的应用连接。

4. 数据交换

数据交换服务用于客户机和服务器之间的数据交换，是通过逻辑名引用来访问接口对象的属性或方法。数据通信服务对应客户机和服务器各自应用层提供的数据交换服务如表 6-3 所示。

表 6-3 应用层提供的数据交换服务

服务名称	客户机应用层服务	服务器应用层服务
读取	GET(.request，.confirm)	GET(.indication，.response)
操作	ACTION(.request，.confirm)	ACTION(.indication，.response)
上报	REPORT(.indication，.response)	REPORT(.notification，.confirm)
代理	PROXY(.request，.confirm)	PROXY(.indication，.response)

这些服务可分为两种通信类型：请求/响应、通知/确认。

请求/响应类数据交换服务是：读取(GET)、操作(ACTION)、代理(PROXY)。

通知/确认类数据交换服务是：上报(REPORT)。

请求/响应类数据交换服务是通过客户机和服务器应用进程之间的数据交换来提供并完成的，即：客户机应用进程通过调用应用层的某个服务请求 XX.request，服务器应用层接收到客户机请求后向服务器应用进程发出服务指示 XX.indication，然后应用进程通过调用服务 XX.response 以响应客户机请求，客户机应用层接收到服务器响应后向客户机应用进程返回服务确认 XX.confirm。请求/响应类数据交换服务的正常服务顺序如图 6-1 所示。

对于请求/响应类数据交换服务，在通信语境商定后，客户机和服务器的数据通信服务集是完全对等互补的，即：服务集相同，只是 XX.request 服务换成了 XX.indication 服务，XX.response 服务换成了 XX.confirm 服务。因此，一个 XX.request 的 APDU 与一个 XX.indication 的 APDU 对等；一个 XX.response 的 APDU 与一个 XX.confirm 的 APDU 对等。

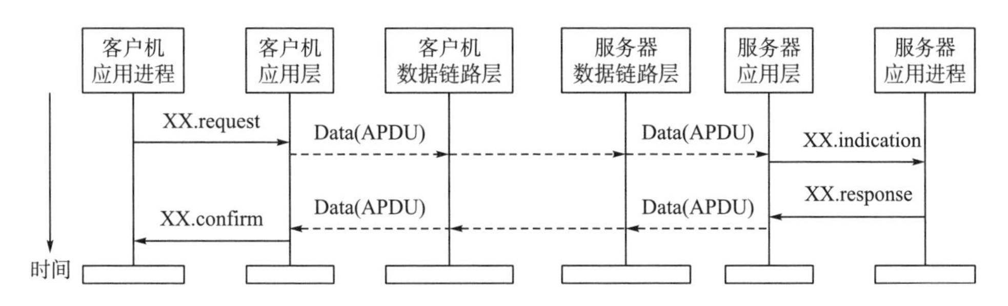

图 6-1　请求/响应类数据交换服务的正常服务顺序

通知/确认类数据交换服务也是通过客户机和服务器应用进程之间的数据交换来提供并完成的，即在客户机向服务器定制了主动上报的情况下，服务器应用进程调用应用层服务 YY. notification，客户机应用层接收到服务器上报后向客户机应用进程发出服务指示 YY.indication，然后客户机应用进程通过调用服务 YY.response 向服务器予以确认响应，服务器应用层接收到客户机确认响应后向服务器应用进程返回服务确认 YY.confirm。通知/确认类数据交换服务的正常服务顺序如图 6-2 所示。

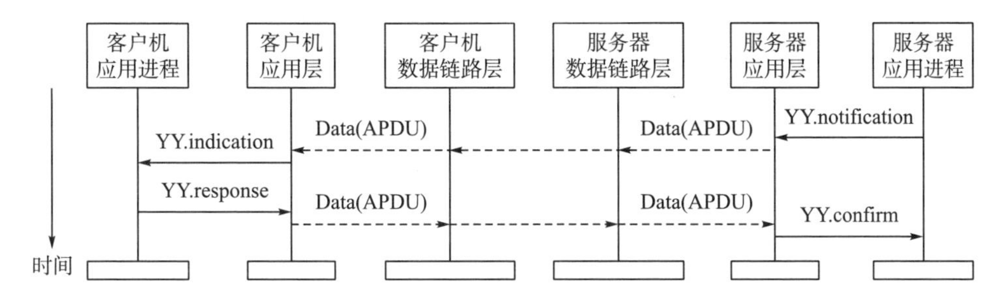

图 6-2　通知/确认类数据交换服务的正常服务顺序

对于通知/确认类数据交换服务，在通信语境商定后，客户机和服务器的数据通信服务集也是完全对等互补的，即服务集相同，只是 YY. notification 服务换成了 YY.indication 服务，YY.response 服务换成了 YY.confirm 服务。因此，一个 YY. notification 的 APDU 与一个 YY.indication 的 APDU 对等；一个 YY.response 的 APDU 与一个 YY.confirm 的 APDU 对等。

5. 有关传输的时间标签

时间标签用于传输的时序和时效性判断，包括一个开始发送时间和一个允许传输延时时间。

允许传输延时时间，指从开始发送至对方接收到能解析得完整的应用层数据单元之间所允许的传输延时时间。

对于请求/响应类数据交换服务，时间标签由客户机产生，随请求传送给服务器，服务器据此判别收到的请求的时序和时效性，如判别有效，响应收到的请求，并在响应中将接收到的时间标签返回客户机。

对于通知/确认类数据交换服务，时间标签由服务器产生，随通知传送给客户机，客户机据此判别收到的通知的时序和时效性，如判别有效，确认收到的通知，并在确认中将接收到的时间标签返回服务器。

时效性判断规则：在时间标签中允许传输延时时间大于零的前提下，如果接收方的当前时间与时间标签中的开始发送时间之间的时差大于时间标签中的允许传输延时时间，则放弃处理；反之，则处理。

6. 有关服务器信息上报

1)服务器上报服务

服务器上报服务(REPORT)是通过“注册—通知—撤销注册”的机制给客户机提供的一种系统级服务。客户机可通过GET服务查询服务器支持的可注册后上报的服务集(如事件或定时数据上报等)，并可根据系统需求通过SET服务以自定义形式注册部分或全部服务。注册成功后，服务器在检测到上报条件满足时(如产生了事件或定时上报时间到等)，通过REPORT.notification服务及时通知客户机。

该服务默认对远程通道有效，本地通道提供同样服务应由服务器界面提供相关信息指示，并经配置后使用。

2)服务器APDU的跟随上报信息域

服务器应用层协议数据单元(APDU)中的可选的跟随上报信息域，是当系统不适合或服务器不支持上报服务(REPORT)时，用于作为ACD标志事件上报方式的补充，以实现更及时上报客户机注册的上报信息。

该域同样默认对远程通道选择性有效，本地通道提供同样服务应由服务器界面提供相关信息指示，并经配置后使用。

6.1.2 预连接

1. LINK.request服务

本服务由服务器应用进程调用，用于向远方客户机应用进程提出登录、心跳或退出登录三类预连接请求，用原语LINK.request表示(表6-4)。

2. LINK.indication服务

本服务由客户机应用层调用，用于向客户机应用进程指示接收到远方服务器提出的预连接请求，用原语LINK.indication表示，服务参数同LINK.request(表6-4)。

表 6-4　LINK.request 服务语义及其参数说明

服务原语	参数说明
LINK.request (请求类型, 心跳周期, 请求时间)	请求类型——登录、心跳、退出登录 心跳周期——两次心跳请求的时间间隔 请求时间——请求时服务器的时钟时间

3. LINK.response 服务

本服务由客户机应用进程调用，用于向服务器应用进程响应预连接请求，用原语 LINK.response 表示(表 6-5)。

表 6-5　LINK.response 服务语义及其参数说明

服务原语	参数说明
LINK.response (请求类型, 结果, 请求时间, 收到时间, 响应时间, 时间可信度)	请求类型——登录、心跳、退出登录 结果——用于表明请求是否成功或失败及其原因 请求时间——LINK.request 的“请求时间” 收到时间——接收到 LINK.indication 的时间 响应时间——发出 LINK.response 的时间 时间可信度——用于表明客户机时钟的准确性

4. LINK.confirm 服务

本服务由服务器应用层调用，用于向服务器应用进程指示接收到预连接请求的响应，用原语 LINK.confirm 表示，服务参数同 LINK.response(表 6-5)。

6.1.3　建立应用连接

1. CONNECT.request 服务

本服务由客户机应用进程调用，用于向远方服务器的应用进程提出建立应用连接请求，用原语 CONNECT.request 表示(表 6-6)。

2. CONNECT.indication 服务

本服务由服务器应用层调用，用于向服务器应用进程指示接收到远方客户机提出的建立应用连接的请求，用原语 CONNECT.indication 表示，服务参数同 CONNECT.request(表 6-6)。

表 6-6 CONNECT.request 服务语义及其参数说明

服务原语	参数说明
CONNECT.request (期望的应用层协议版本号， 期望的协议一致性块， 期望的功能一致性块， 客户机发送帧最大尺寸， 客户机接收帧最大尺寸， 客户机接收帧最大窗口尺寸，客户机最大可处理 APDU 尺寸， 期望的应用连接超时时间， 认证机制信息)	认证机制信息包括以下内容： ①公共连接——不需要安全机制； ②一般密码——使用明文密码； ③对称加密——使用 ESAM 对称加密进行安全认证，并建立会话密钥； ④数字签名——使用 ESAM 非对称加密进行安全认证，并建立会话密钥

3. CONNECT.response 服务

本服务由服务器应用进程调用，用于向客户机应用进程返回请求结果，用原语 CONNECT.response 表示(表 6-7)。

表 6-7 CONNECT.response 服务语义及其参数说明

服务原语	参数说明
CONNECT.response (服务器厂商版本信息， 商定的应用层协议版本号， 商定的协议一致性块， 商定的功能一致性块， 服务器发送帧最大尺寸， 服务器接收帧最大尺寸， 服务器接收帧最大窗口尺寸， 服务器最大可处理APDU尺寸， 商定的应用连接超时时间， 认证响应)	商定的应用连接超时时间(单位：s)

4. CONNECT.confirm 服务

本服务由客户机应用层调用，用于向客户机应用进程指示接收到建立应用连接请求的响应，用原语 CONNECT.confirm 表示，服务参数同 CONNECT.response(表 6-7)。

6.1.4 断开应用连接

1. RELEASE.request 服务

本服务由客户机应用进程调用，用于向远方服务器的应用进程提出断开应用连接请求，用原语 RELEASE.request 表示(表 6-8)。

表 6-8　RELEASE.request 服务语义及其参数说明

服务原语	参数说明
RELEASE.request ( )	无参数

2. RELEASE.indication 服务

本服务由服务器应用层调用，用于向服务器应用进程指示接收到远方客户机提出的断开应用连接的请求，用原语 RELEASE.indication 表示，服务参数同 RELEASE.request（表 6-8）。

3. RELEASE.response 服务

本服务由服务器应用进程调用，用于向客户机应用进程返回请求结果，用原语 RELEASE.response 表示（表 6-9）。

表 6-9　RELEASE.response 服务语义及其参数说明

服务原语	参数说明
RELEASE.response (结果)	结果——请求的结果，通常情况下，服务器不得拒绝此请求

4. RELEASE.confirm 服务

本服务由客户机应用层调用，用于向客户机应用进程指示接收到断开应用连接请求的响应，用原语 RELEASE.confirm 表示，服务参数同 RELEASE.response（表 6-9）。

5. RELEASE.notification 服务

本服务由服务器应用进程调用，用于通知客户机应用进程连接因超时而失效将被断开，此服务不需要客户机做任何响应，用原语 RELEASE.notification 表示（表 6-10）。

表 6-10　RELEASE.notification 服务语义及其参数说明

服务原语	参数说明
RELEASE.notification (应用连接建立时间， 服务器当前时间)	应用连接建立时间——建立应用连接时的终端时间 服务器当前时间——发出连接断开的终端时间

6.1.5 读取

1. GET.request 服务

本服务由客户机应用进程调用，用于向远方服务器的应用进程请求服务器的若干个接口类对象的所有属性值，用原语 GET.request 表示(表 6-11)。

表 6-11 GET.request 服务语义及其参数说明

服务原语	参数说明
GET.request (请求类型, 对象属性描述符, {对象属性描述符，} 数据块序号)	请求类型——用于区分不同的读取请求，分为以下几种类型： ①读取一个对象属性； ②读取若干个对象属性； ③读取一个记录型对象属性； ④读取若干个记录型对象属性； ⑤读取分帧响应的下一个数据块，仅在被请求的数据响应不能在一个GET.response APDU 中传输时才使用 对象属性描述符——仅当“请求类型”为①～④时才出现，用于表明要读取的对象属性，分为一般型、记录型两种 数据块序号——用于表明正确接收到的最近一次数据块的序号，仅当“请求类型”为⑤时出现

2. GET.indication 服务

本服务由服务器应用层调用，用于向服务器应用进程指示接收到远方客户机 GET.request 服务请求，用原语 GET.indication 表示，服务参数同 GET.request(表 6-11)。

3. GET.response 服务

本服务由服务器应用进程调用，用于对应 GET.indication 向客户机应用进程返回请求结果，用原语 GET.response 表示(表 6-12)。

表 6-12 GET.response 服务语义及其参数说明

服务原语	参数说明
GET. response (响应类型, 读取结果, {读取结果，} 数据块序号)	响应类型——用于表明响应是否包含对应 GET.request 服务调用的响应，或只包含部分响应，对应请求类型，响应类型分为以下几种类型： ①读取一个对象属性的响应； ②读取若干个对象属性的响应； ③读取一个记录型对象属性的响应； ④读取若干个记录型对象属性的响应； ⑤分帧响应一个数据块，分帧方式按请求对象属性分成能自解释的若干独立响应，且这一类根据 GET.request 请求类型还分为一般型、记录型两种对象属性 读取结果——用于表明读取请求的响应结果，包括对象属性描述符及其数值，对象属性为一般型、记录型两种，如“读取结果”的编码形式不适合在一个 APDU 中传输，则它应采用分帧响应，即“响应类型”为⑤ 数据块序号——用于表明本 APDU 中数据块的序号，仅在“响应类型”为⑤时出现

4. GET.confirm 服务

本服务由客户机应用层调用，用于向客户机应用进程指示接收到服务器 GET.response APDU。用原语 GET.confirm 表示，服务参数同 GET.response（表 6-12）。

6.1.6 设置

1. SET.request 服务

本服务由客户机应用进程调用，用于向远方服务器的应用进程设置服务器的若干个接口类对象的一个或所有的属性值，用原语 SET.request 表示（表 6-13）。

表 6-13　SET.request 服务语义及其参数说明

服务原语	参数说明
SET.request (请求类型， 对象属性描述符及其数值， {对象属性描述符及其数值，} 对象属性描述符， {对象属性描述符，})	请求类型——用于区分不同的设置请求，分为以下几种类型： ①设置一个对象属性请求； ②设置若干个对象属性请求； ③设置后读取若干个对象属性请求 对象属性描述符及其数值——用于表明要设置的对象属性及其设置数值 对象属性描述符——仅当“请求类型”为③时才出现，用于表明在设置后要读取的对象属性，对象属性仅为一般型

2. SET.indication 服务

本服务由服务器应用层调用，用于向服务器应用进程指示接收到远方客户机 SET.request 服务请求，用原语 SET.indication 表示，服务参数同 SET.request（表 6-13）。

3. SET.response 服务

本服务由服务器应用进程调用，用于对应 SET.indication 向客户机应用进程返回请求结果，用原语 SET.response 表示（表 6-14）。

表 6-14　SET.response 服务语义及其参数说明

服务原语	参数说明
SET.response (响应类型， 设置结果， {设置结果，} 读取结果， {读取结果，})	响应类型——用于表明响应所对应的 SET.request 服务的请求类型，对应请求类型，响应类型分为以下几种类型： ①设置一个对象属性的确认信息； ②设置若干个对象属性的确认信息； ③设置若干个对象属性的确认信息以及读取若干个对象属性的响应 设置结果——用于表明设置的执行结果，包括设置的对象属性描述符及其结果 读取结果——仅在“响应类型”为③时出现，用于表明设置后读取属性的响应结果，包括设置后读取的对象属性描述符及其数据，对象属性仅为一般型

4. SET.confirm 服务

本服务由客户机应用层调用，用于向客户机应用进程指示接收到服务器 SET.response APDU，用原语 SET.confirm 表示，服务参数同 SET.response（表 6-14）。

6.1.7 操作

1. ACTION.request 服务

本服务由客户机应用进程调用，用于调用远方服务器应用进程中的若干个接口类对象的若干个方法，用原语 ACTION.request 表示（表 6-15）。

表 6-15 ACTION.request 服务语义及其参数说明

服务原语	参数说明
ACTION.request (请求类型， 对象方法描述符及参数， {对象方法描述符及参数，} 对象属性描述符， {对象属性描述符，})	请求类型——用于区分不同的操作请求，分为以下几种类型： ①操作一个对象方法请求； ②操作若干个对象方法请求； ③操作若干个对象方法后读取若干个对象属性请求 对象方法描述符及参数——用于表明要操作的对象的方法 对象属性描述符——仅当“请求类型”为③时才出现，用于表明操作执行后要读取的对象属性，对象属性仅为一般型

2. ACTION.indication 服务

本服务由服务器应用层调用，用于向服务器应用进程指示接收到远方客户机 ACTION.request 服务请求，用原语 ACTION.indication 表示，服务参数同 ACTION.request（表 6-15）。

3. ACTION.response 服务

本服务由服务器应用进程调用，用于对应 ACTION.indication 向客户机应用进程返回请求结果，用原语 ACTION.response 表示（表 6-16）。

表 6-16 ACTION.response 服务语义及其参数说明

服务原语	参数说明
ACTION.response (响应类型， 操作结果， {操作结果，} 读取结果， {读取结果，})	响应类型——用于表明响应所对应的 ACTION.request 服务的请求类型，对应请求类型，响应类型分为以下几种类型： ①操作一个对象方法的响应； ②操作若干个对象方法的响应； ③操作若干个对象方法后读取若干个对象属性的响应 操作结果——用于表明调用对象方法的执行结果，包括对象方法描述符及其结果 读取结果——仅在“响应类型”为③时出现，用于表明操作执行后要读取的对象属性的响应结果，包括对象属性描述符及其数据，对象属性仅为一般型

4. ACTION.confirm 服务

本服务由客户机应用层调用，用于向客户机应用进程指示接收到服务器 ACTION.response APDU。用原语 ACTION.confirm 表示，服务参数同 ACTION.response(表 6-16)。

6.1.8　上报

1. REPORT.notification 服务

本服务由服务器应用进程调用，用于向远方客户机应用进程上报信息，该信息是由客户机通过注册方式预定的，用原语 REPORT.notification 表示(表 6-17)。

表 6-17　REPORT.notification 服务语义及其参数说明

服务原语	参数说明
REPORT.notification (通知类型， 对象属性描述符及其数值， {对象属性描述符及其数值，})	通知类型——用于区分不同的上报通知，分为以下几种类型： ①上报若干个对象属性； ②上报若干个记录型对象属性 对象属性描述符及其数值——用于表明上报的信息

2. REPORT.indication 服务

本服务由客户机应用层调用，用于向客户机应用进程指示接收到远方服务器 REPORT.notification 服务通知，用原语 REPORT.indication 表示，服务参数同 REPORT.notification(表 6-17)。

3. REPORT.response 服务

本服务由客户机应用进程调用，用于对应 REPORT.indication 向服务器应用进程返回确认结果，用原语 REPORT.response 表示(表 6-18)。

表 6-18　REPORT.response 服务语义及其参数说明

服务原语	参数说明
REPORT.response (响应类型， 确认结果， {确认结果，})	响应类型——用于表明响应所对应的 REPORT.indication 服务的通知类型，对应通知类型，响应类型分为以下几种： ①上报若干个对象属性的响应； ②上报若干个记录型对象属性的响应 确认结果——用于表明上报的确认结果，为被确认的对象属性描述符，对象属性为一般型和记录型两种

4. REPORT.confirm 服务

本服务由服务器应用层调用，用于向服务器应用进程指示接收到客户机

REPORT.response APDU，用原语 REPORT.confirm 表示，服务参数同 REPORT.response(表 6-18)。

6.1.9 代理

1. PROXY.request 服务

本服务由客户机应用进程调用，用于向远方服务器(代理服务器)的应用进程提出代理请求，用原语 PROXY.request 表示(表 6-19)。

表 6-19 PROXY.request 服务语义及其参数说明

服务原语	参数说明
PROXY.request (请求类型， 目标服务器地址/端口， {目标服务器地址，} 对象属性描述符， {对象属性描述符，} 对象属性描述符及其数值， {对象属性描述符及其数值，} 对象方法描述符， {对象方法描述符，} 代理相关参数， {代理相关参数，} {透明命令，})	请求类型——用于区分不同的代理请求，分为以下几种类型： ①代理读取若干个服务器的若干个对象属性； ②代理读取一个服务器的一个记录型对象属性； ③代理设置若干个服务器的若干个对象属性； ④代理设置后读取若干个服务器的若干个对象属性； ⑤代理操作若干个服务器的若干个对象方法； ⑥代理操作后读取若干个服务器的若干个对象方法和属性； ⑦代理透明转发命令 目标服务器地址——用于表明代理的目标服务器地址，如 PROXY.request 的目标服务器地址采用了通配地址，响应时要分解为确定的服务器单地址，即 PROXY.response 的目标服务器地址皆为单地址 对象属性描述符——用于表明要代理读取的对象属性，当“请求类型”为①、④、⑥时，对象属性仅为一般型，当“请求类型”为②时，对象属性为记录型 对象属性描述符及其数值——用于表明要代理设置的对象属性，仅当“请求类型”为③、④时才出现，对象属性仅为一般型 对象方法描述符——用于表明要代理操作的对象方法，仅当“请求类型”为⑤、⑥时才出现 代理相关参数——与代理请求相关的所需参数

2. PROXY.indication 服务

本服务由服务器应用层调用，用于向服务器应用进程指示接收到远方客户机 PROXY.request 服务请求，用原语 PROXY.indication 表示，服务参数同 PROXY.request(表 6-19)。

3. PROXY.response 服务

本服务由服务器应用进程调用，用于对应 PROXY.indication 向客户机应用进程返回代理请求的代理执行结果，用原语 PROXY.response 表示(表 6-20)。

表 6-20 PROXY.response 服务语义及其参数说明

服务原语	参数说明
PROXY.response (	响应类型——用于表明响应所对应的 PROXY.request 服务的请求类型，对应请求类型，响应类型分为以下几种：

续表

服务原语	参数说明
响应类型， 目标服务器地址/端口， {目标服务器地址，} 读取结果， {读取结果，} 设置结果， {设置结果，} 操作结果， {操作结果，} ）	①代理读取若干个服务器的若干个对象属性的响应； ②代理读取一个服务器的一个记录型对象属性的响应； ③代理设置若干个服务器的若干个对象属性的确认； ④代理设置后读取若干个服务器的若干个对象属性的确认和响应； ⑤代理操作若干个服务器的若干个对象方法的确认； ⑥代理操作后读取若干个服务器的若干个对象方法和属性的确认和响应； ⑦代理透明转发命令的响应 目标服务器地址——用于表明代理的目标服务器地址 读取结果——当“响应类型”为①、②、④、⑥时才出现，用于表明代理读取请求的响应结果，包括对象属性描述符及其数值，对象属性对应请求类型为一般型或记录型两种 设置结果——仅当“响应类型”为③、④时才出现，用于表明代理设置的执行结果，包括设置的对象属性描述符及其结果，对象属性仅为一般型 操作结果——仅在“响应类型”为⑤、⑥时出现，用于表明代理操作对象方法的执行结果，包括对象方法描述符及其操作结果

4. PROXY.confirm 服务

本服务由客户机应用层调用，用于向客户机应用进程指示接收到服务器 PROXY.response APDU，用原语 PROXY.confirm 表示，服务参数同 PROXY.response（表 6-20）。

6.2　应用层协议规范

6.2.1　建立/断开应用连接的协议

1. 建立应用连接

建立应用连接是本部分的关键组件，建立应用连接借助于 CONNECT.request/.indication /.response /.confirm 服务。

客户机应用进程应首先调用 CONNECT.request 请求服务，调用该服务前，所需的预链接已经建立。基于预链接的低层连接，客户机应构造一个 CONNECT-Request APDU。该 CONNECT-Request APDU 是发送给服务器应用层的第一个报文。

服务器应用层从接收到的 CONNECT-Request APDU 中提取出来的适当参数调用 CONNECT.indication 服务原语向服务器应用进程发出指示。

服务器应用进程分析接收到的 CONNECT.indication 原语，并且决定是否接受该连接请求，通过核实之后，服务器应用进程应调用 CONNECT.response 服务原语，表明接受或不接受提出的连接请求。如果成功的话，服务器应构造相应的 CONNECT-Response APDU，并通过现有的预链接通道发送给远方客户机应用层。从这一时刻起，服务器能够在该连接内接收数据通信服务请求，发送相应的响应。

至此，应用连接建立完毕，服务器进入数据通信阶段。

如果服务器不能接受连接请求，服务器应用层应构造 CONNECT-Response APDU，其中包含拒绝连接的状态以及原因，发送至远方客户机应用层。

在客户机侧，提取接收到的 CONNECT-Response APDU 中的参数，并通过 CONNECT.confirm 服务原语发送给客户机应用进程，如连接请求被接受，从这时刻起，在协商应用的语境中，应用连接建立完成。建立应用连接时序图如图 6-3 所示。

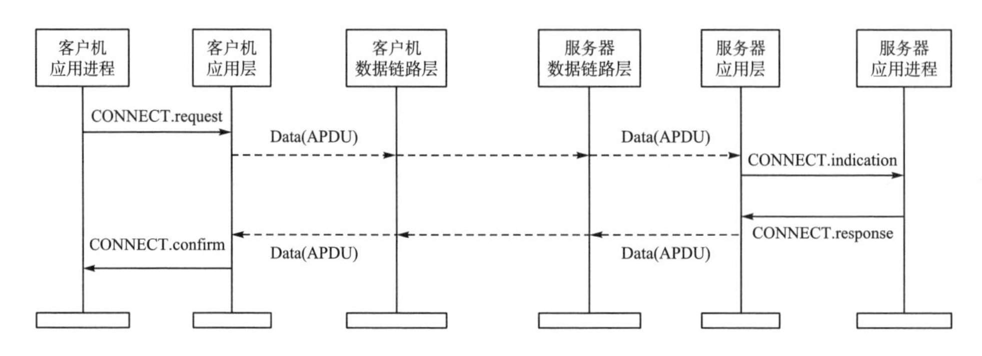

图 6-3 建立应用连接时序图

2. 断开应用连接

1) 概述

现有应用连接能够被正常断开或超时被断开，正常断开由客户机应用进程启动，通知服务器侧，请求断开当前应用连接。

超时被断开意味着连接被异常终止，当应用层连续无通信时长超过语境约定的超时时间时，应用连接将被断开，此服务只能由服务器应用进程启动。

2) 正常断开应用连接

正常断开应用连接总是由客户机应用通过调用 RELEASE.request 的服务启动。根据协议生成一个 RELEASE-Request APDU，通过低层支持协议发送到服务器侧。

服务器应用层把接收到的 RELEASE-Request 解释为应用连接的断开请求，并且通过 RELEASE.indication 服务原语向服务器应用进程指示该请求。

服务器应用进程应接受断开请求并调用 RELEASE.response 服务(通常，服务器不能拒绝客户机的断开连接请求)。请求断开应用连接的时序图如图 6-4 所示。

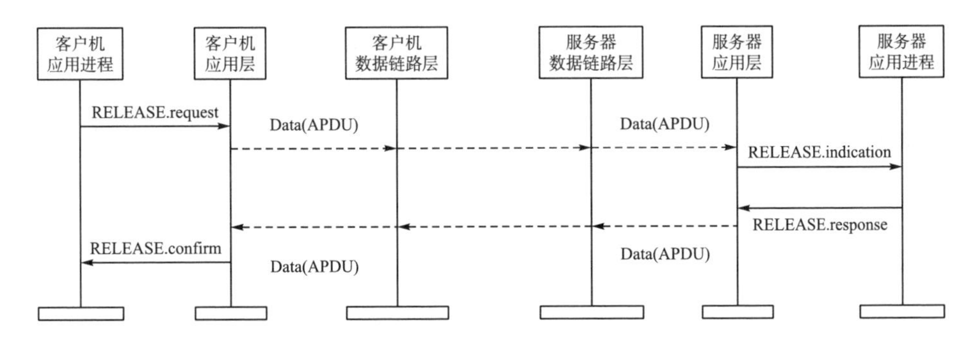

图 6-4　请求断开应用连接的时序图

3) 通信超时导致应用连接被断开

本部分约定了一种情景，当应用连接建立后(不包括预建立时建立的应用连接)，如果连续无数据传输服务时长(不包括预链接管理服务)达到会话语境约定的超时时间后(造成通信超时的原因涵盖包括物理层故障在内的任何原因)，服务器应用进程将调用 RELEASE.notification 服务，通知客户机此连接将被断开，客户机不需要做任何响应。超时断开应用连接的时序图如图 6-5 所示。

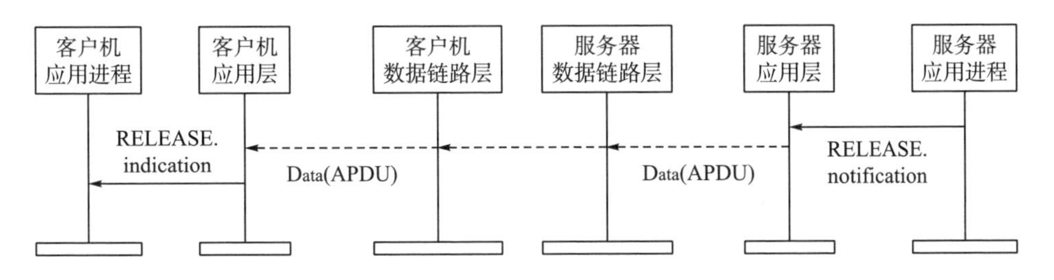

图 6-5　超时断开应用连接的时序图

6.2.2　请求/响应数据交换的协议

1. 短帧的数据交换

短帧，在此特指完整的一帧 APDU 长度不超过会话语境约定的发送或接收数据长度；长帧，特指一帧 APDU 长度超过会话语境约定的发送或接收数据长度，需要采取分帧传输。

(1) 读取(.request/.indication/.response/.confirm)；

(2) 设置(.request/.indication/.response/.confirm)；

(3) 操作(.request/.indication/.response/.confirm)；

(4) 代理(.request/.indication/.response/.confirm)。

读取和设置服务用于引用接口对象实例的属性，操作服务用于引用接口对象的一个方法，代理服务用于引用远方服务器的对象属性或方法。上述服务，在采用短帧数据交换时，具有相同的时序，在此一并描述。

服务器的应用进程一旦接收到数据通信服务指示，应检查该服务能否被提供(检查合法性、可行性等)，如果一切都正确，服务器应用进程应在本地使用相应的具体对象提供所请求的服务。服务器应用层应生成一个适当的.response 报文，包含.request 的执行结果，发送到客户机侧，一个交互流程完成。短帧的数据交换时序图如图 6-6 所示。

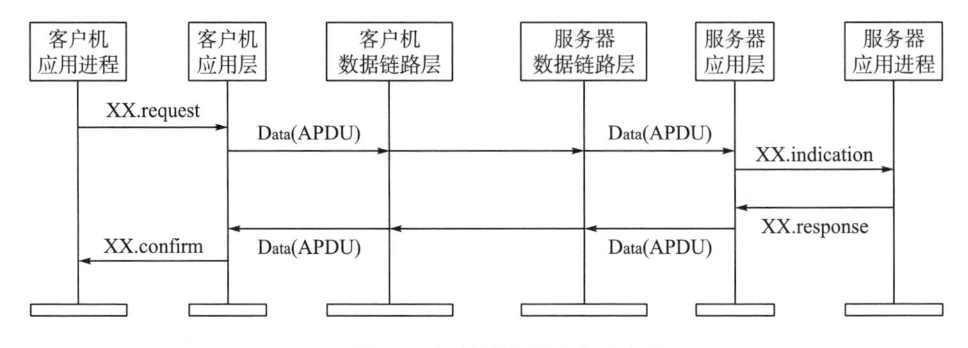

图 6-6　短帧的数据交换时序图

2. 长帧的数据交换

1) 长帧传输的读取服务

读取服务的分帧传输规范仅适用于 GET.response 服务原语中的数据。

在 GET.response 服务中多重属性引用时，其服务参数编码形式的长度不能超过发送帧最大尺寸。如果 GET.response 服务参数编码长度超过最大尺寸时，应使用分帧服务进行传输。

服务器一旦接收到一个 GET.request，服务器应用进程就应组装所请求的数据，如果这些数据能够放在一个 APDU 中，服务器应用进程应调用对应短帧类型的 Get.response 服务，其结果参数包含所请求属性的值。

如果数据长度超过发送帧最大尺寸，则应使用分帧传输，分帧传输有两种可选模式，一种是单帧可自解析模式，另一种是不可自解析模式，不可自解析传输模式必须在所有数据片段接收完毕后，才能正确解析相应的数据。采用单帧可自解析模式时，每一帧中必须包含完整的属性数据单元。

仅 GET.response 服务支持单帧可自解析模式，单帧可自解析分帧传输时序如图 6-7 所示。

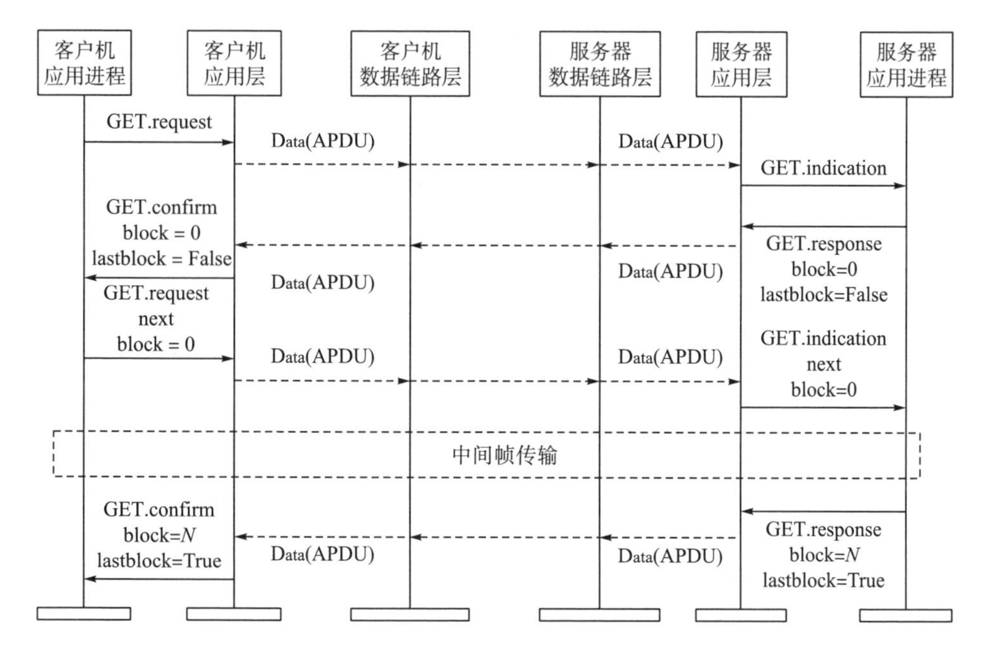

图 6-7　单帧可自解析分帧传输时序图

分帧响应 GetResponseNext 的 APDU 数据域，有两个关键的数据字段，分帧序号(block)、末帧标记(lastblock)，分帧的第一帧数据，block(long-unsigned)= 0，lastblock(BOOLEAN)=False；分帧的最后一帧，block=N(N 为实际包序号)，lastblock=True，分帧传输完毕。

客户机一旦接收到该 GetResponseNext，客户机应用进程知道所请求的响应数据已经超过接收帧最大尺寸，并准备处理后续帧传输，它应保存所接收的 APDU 的数据内容，并调用 GetRequestNext 服务对所接收到的数据块进行确认。

服务器在接收到该确认报文后应准备并传输下一个数据块，此数据块包含分帧序号 block=1，这样数据块的交换和确认应正常继续下去，直到发送完最后一个数据块，此时 response 的 lastblock （BOOLEAN)参数应置为 True，并且客户机不对该数据块进行确认，在接收到最后一个数据块后，GET 服务的分帧传输过程完成。

如果分帧传输期间发生以下差错，传输过程将终止。差错情况如下。

服务器出于任何原因不能提供下一个数据块。这种情况下，服务器应发送一个 GetResponseNext 的 APDU，将 lastblock 参数置为 True，block 设置为客户机所期望的值(接收到的 block+1)，数据域 Result 参数包含一个 DAR 参数，用来指明差错原因。

服务器接收到 GetRequestNext 类型的 GET.indication，block 参数的值与服务器上一次发送的 block 参数值不相等。服务器对这种情况的解释为客户机期望终止正在进行的传输，服务器不再发送下一个数据块给客户机，而是返回一个 GetResponseNext APDU，将 lastblock 参数置为 True，block 为接收到的 block 参数值，数据域参数为 DAR＝分帧传输已取消。

服务器在没有进行分帧传输时接收到 GetRequestNext 类型的 GET.indication。在这种情况下，使用 GetResponseNext APDU 进行响应。将 lastblock 参数置为 True，block 为接收到的 block 参数值，数据域参数为 DAR＝不处于分帧传输状态。

在分帧传输期间，所有 APDU 中的 Invoke-Id 和 Priority 参数的值相同。如果在分帧传输期间，接收到其他服务请求，则按照优先级原则进行服务。

2) 长帧传输的其他服务

本部分仅 GET.response 服务支持单帧可自解析模式，其他类型服务，数据域长度超过发送帧最大尺寸，需要采用分帧传输时，应使用分帧服务进行。

6.2.3 上报/确认数据交换的协议

上报/确认类数据交换服务，在本部分用于服务器主动发起，传送事件或者其他定时任务数据到客户机，在 REPORT.request 服务中，其服务参数编码形式的长度不能超过发送帧最大尺寸。如果数据长度超出，请使用分帧服务进行传送。

客户在收到 REPORT.indication 指示时，应使用 REPORT.response 进行确认，在服务器收到 REPORT.confirm 时，方可认为主动上报发送成功，如果在约定的超时时间内未收到确认，将再次发起 REPORT.request，APDU 中的 Invoke-Id 和 Priority 参数的值保持不变，在达到约定的最多重复次数后，如仍未收到确认帧，则放弃该 APDU 的主动上报(图 6-8)。

上报/确认类数据交换服务，可以在服务器侧任意通信端口发起(包括本地端口以及远程端口，根据配置决定)，确认状态与上报的通信端口相关。只有在端口预链接正确建立的前提下，服务器方可发起主动上报。

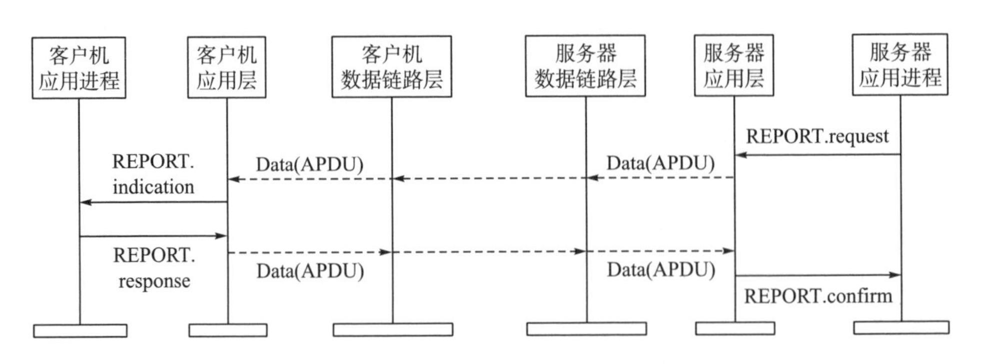

图 6-8 REPORT 服务时序图

6.3　应用层数据单元规范

6.3.1　概述

APDU 的标记规则遵循 ASN.1 的抽象语法，详见《信息技术　抽象语法记法（ASN.1）　第 1 部分：基本记法规划》（GB/T 16262.1—2006）。

接口类及对象实例使用的数据类型定义见表 6-21。

表 6-21　接口类及对象实例使用的数据类型定义

类型描述	标记	定义	数值范围
NULL	0	空	—
array	1	SEQUENCE OF Data（见 6.3.2 节）：数组的元素在对象属性或方法的描述中定义	—
structure	2	SEQUENCE OF Data（见 6.3.2 节）：结构的元素在对象属性或方法的描述中定义	—
bool	3	布尔值（Boolean）	1 或 0
bit-string	4	比特位串（Bit String）	—
double-long	5	32 比特位整数（Integer32）	-2^{31}～$2^{31}-1$
double-long-unsigned	6	32 比特位正整数（Double-long-unsigned）	0～$2^{32}-1$
保留	7～8	—	—
octet-string	9	8 比特位位组（字节）串（Octet String）	—
visible-string	10	ASCII 字符串（Visible String）	—
保留	11	—	—
UTF8-string	12	UTF-8 编码的字符串	—
保留	13～14	—	—
integer	15	8 比特位整数（Integer）	-128～127
long	16	16 比特位整数（Long）	-32768～32767
unsigned	17	8 比特位正整数（Unsigned8）	0～255
long-unsigned	18	16 比特位正整数（Unsigned16）	0～65535
保留	19	—	—
long64	20	64 比特位整数（Integer64）	-2^{63}～$2^{63}-1$
long64-unsigned	21	64 比特位正整数（Unsigned64）	0～$2^{64}-1$
enum	22	枚举的元素在对象属性或方法的描述中定义	0～255
float32	23	octet-string（SIZE（4））	—
float64	24	octet-string（SIZE（8））	—

续表

类型描述	标记	定义	数值范围
date_time	25	octet-string (SIZE (10))	—
date	26	octet-string (SIZE (5))	—
time	27	octet-string (SIZE (3))	—
date_time_s	28	octet-string (SIZE (7))	—
保留	29～79		—
OI	80	见 6.3.2 节	—
OAD	81	见 6.3.2 节	—
ROAD	82	见 6.3.2 节	—
OMD	83	见 6.3.2 节	—
TI	84	见 6.3.2 节	—
TSA	85	见 6.3.2 节	—
MAC	86	见 6.3.2 节	—
RN	87	见 6.3.2 节	—
Region	88	见 6.3.2 节	—
Scaler_Unit	89	见 6.3.2 节	—
RSD	90	见 6.3.2 节	—
CSD	91	见 6.3.2 节	—
MS	92	见 6.3.2 节	—
SID	93	见 6.3.2 节	—
SID_MAC	94	见 6.3.2 节	—
COMDCB	95	见 6.3.2 节	—
RCSD	96	见 6.3.2 节	—
保留	97～255	—	—

6.3.2 数据类型定义

1. Data 数据类型

标记数据(Data)的数据类型定义如表 6-22 所示。

表 6-22 Data 数据类型定义

数据类型定义	说明
Data∷=CHOICE { NULL [0], array [1], structure [2],	

续表

数据类型定义	说明
bool　　[3]，	
bit-string　　[4]，	
double-long　　[5]，	
double-long-unsigned　　[6]，	
octet-string　　[9]，	
visible-string　　[10]，	
UTF8-string　　[12]，	
integer　　[15]，	
long　　[16]，	
unsigned　　[17]，	
long-unsigned　　[18]，	
long64　　[20]，	
long64-unsigned　　[21]，	
enum　　[22]，	
float32　　[23]，	
float64　　[24]，	接口类及对象实例使用的数据类型定义见表 6-21
date_time　　[25]，	
date　　[26]，	
time　　[27]，	
date_time_s　　[28]，	
OI　　[80]，	
OAD　　[81]，	
ROAD　　[82]，	
OMD　　[83]，	
TI　　[84]，	
TSA　　[85]，	
MAC　　[86]，	
RN　　[87]，	
Region　　[88]，	
Scaler_Unit　　[89]，	
RSD　　[90]，	
CSD　　[91]，	
MS　　[92]，	
SID　　[93]，	
SID_MAC　　[94]，	
COMDCB　　[95]，	
RCSD　　[96]	
}	

2. 浮点数据类型

浮点数据类型包括 Float32 以及 Float64，格式定义见《微处理器系统的二进制浮点运算》(GB/T 17966—2000)。

3. PIID 数据类型

APDU 序号及优先标志 PIID(priority and invoke ID)的数据类型定义如表 6-23 所示。

表 6-23 PIID 数据类型定义

数据类型定义	说明

PIID∷=bit-string(SIZE(8))
{
服务优先级 bit7 (0),
保留 bit6 (1),
服务序号 bit5 (2),
服务序号 bit4 (3),
服务序号 bit3 (4),
服务序号 bit2 (5),
服务序号 bit1 (6),
服务序号 bit0 (7)
}
	PIID 用于客户机 APDU(Client-APDU)的各服务数据类型中,基本定义如下,更具体应用约定应根据实际系统要求而定
	服务优先级——0 为一般的,1 为高级的。在.response APDU 中,其值与对应.request APDU 中的相等
	服务序号 bit0～服务序号 bit5——二进制编码表示 0～63,在.response APDU 中,其值与对应.request APDU 中的相等

4. PIID-ACD 数据类型

带 ACD 标志位的 APDU 序号及优先标志 PIID-ACD(priority and invoke ID with ACD)数据类型定义如表 6-24 所示。

表 6-24 PIID-ACD 数据类型定义

数据类型定义	说明

PIID-ACD∷=bit-string(SIZE(8))
{
服务优先级 bit7 (0),
请求访问(ACD)bit6 (1),
服务序号 bit5 (2),
服务序号 bit4 (3),
服务序号 bit3 (4),
服务序号 bit2 (5),
服务序号 bit1 (6),
服务序号 bit0 (7)
}
	PIID-ACD 用于服务器 APDU(Server-APDU)的各服务数据类型中,基本定义如下,更具体应用约定应根据实际系统要求而定
	服务优先级——同表 6-23
	请求访问(ACD)——0 为不请求,1 为请求
	服务序号 bit0～bit5——同表 6-23

5. OAD 数据类型

对象属性描述符 OAD(object attribute descriptor)的数据类型定义如表 6-25 所示。

表 6-25 OAD 数据类型定义

数据类型定义	说明

OAD∷=SEQUENCE
{
对象标识 OI,
属性标识及其特征 bit-string(SIZE(8)),
属性内元素索引 unsigned(1～255)
}
	对象属性标识及其特征——用 bit0～bit7 表示 8 位位组的最低位到最高位,其中:
	①bit0～bit4 编码表示对象属性编号,取值为 0～31,其中 0 表示整个对象属性,即对象的所有属性;
	②bit5～bit7 编码表示属性特征,属性特征是对象同一个属性在不同快照环境下的取值模式,取值为 0～7,特征含义在具体类属性中描述
	属性内元素索引——00H 表示整个属性全部内容。如果属性是一个结构或数组,01H 指向对象属性的第一个元素;如果属性是一个记录型的存储区,非零值 *n* 表示最近第 *n* 次的记录

6. ROAD 数据类型

记录型对象属性描述符 ROAD(record object attribute descriptor)的数据类型定义如表 6-26 所示。

表 6-26　ROAD 数据类型定义

数据类型定义	说明

ROAD∷=SEQUENCE
{
对象属性描述符　OAD，
关联对象属性描述符　SEQUENCE OF OAD
}
	ROAD 用于描述记录型对象中的一个或若干个关联对象属性
	OAD——见表 6-25

7. RSD 数据类型

记录选择描述符 RSD(record selection descriptor)的数据类型定义如表 6-27 所示。

表 6-27　RSD 数据类型定义

数据类型定义	说明

RSD∷=CHOICE
{
不选择　[0]　NULL，
选择方法 1　[1]　Selector1，
选择方法 2　[2]　Selector2，
选择方法 3　[3]　Selector3，
选择方法 4　[4]　Selector4，
选择方法 5　[5]　Selector5，
选择方法 6　[6]　Selector6，
选择方法 7　[7]　Selector7，
选择方法 8　[8]　Selector8，
选择方法 9　[9]　Selector9，
选择方法 10　[10]　Selector10
}
	RSD 用于选择记录型对象属性的各条记录，即二维记录表的行选择，其通过对构成记录的某些对象属性数值指定来进行选择，范围选择区间：前闭后开，即[起始值，结束值)
	例如：事件类对象的事件记录表属性、冻结类对象的冻结数据记录表属性、采集监控类的采集数据记录表属性
	应用提示：
	①对于事件记录，通常使用事件发生时间进行选择；
	②对于冻结数据记录，通常使用冻结时间进行选择

Selector1∷=SEQUENCE
{
对象属性描述符　OAD，
数值　Data
}
	Selector1 为指定对象指定值

Selector2∷=SEQUENCE
{
对象属性描述符　OAD，
起始值　Data，
结束值　Data，
数据间隔　Data
}
	Selector2 为指定对象区间内连续间隔值
	数据间隔——和 OAD 相关的类型，=NULL 表示无间隔(即指定区间内全部)

Selector3∷=SEQUENCE OF Selector2	Selector3 为组合筛选，即若干个指定对象连续值
Selector4∷=SEQUENCE {	Selector4 为指定电能表集合、指定采集启动时间 MS——见 6.3.2 节的“10.MS 数据类型”

续表

数据类型定义	说明
采集启动时间 date_time_s， 电能表集合 MS }	

Selector5∷=SEQUENCE
{
采集存储时间 date_time_s，
电能表集合 MS
}
	Selector5 为指定电能表集合、指定采集存储时间
	MS——见 6.3.2 节的“10.MS 数据类型”

Selector6∷=SEQUENCE
{
采集启动时间起始值 date_time_s，
采集启动时间结束值 date_time_s，
时间间隔 TI，
电能表集合 MS
}
	Selector6 为指定电能表集合、指定采集启动时间区间内连续间隔值
	MS——见 6.3.2 节的“10.MS 数据类型”

Selector7∷=SEQUENCE
{
采集存储时间起始值 date_time_s，
采集存储时间结束值 date_time_s，
时间间隔 TI，
电能表集合 MS
}
	Selector7 为指定电能表集合、指定采集存储时间区间内连续间隔值
	MS——见 6.3.2 节的“10.MS 数据类型”

Selector8∷=SEQUENCE
{
采集成功时间起始值 date_time_s，
采集成功时间结束值 date_time_s，
时间间隔 TI，
电能表集合 MS
}
	Selector8 为指定电能表集合、指定采集到时间区间内连续间隔值
	MS——见 6.3.2 节的“10.MS 数据类型”

Selector9∷=SEQUENCE
{
上第 *n* 次记录 unsigned
}
	Selector9 为指定选取上第 *n* 次记录

Selector10∷=SEQUENCE
{
上 *n* 条记录 unsigned，
电能表集合 MS
}
	Select10 为指定选取最新的 *n* 条记录
	MS——见 6.3.2 节的“10.MS 数据类型”

8. RCSD 数据类型

记录列选择描述符 RCSD(record column selection descriptor)的数据类型定义如表 6-28 所示。

表 6-28 RCSD 数据类型定义

数据类型定义	说明
RCSD∷=SEQUENCE OF CSD	RCSD 用于选择记录型对象属性中记录的某列或某几列内容，即二维记录表的列选择，例如：事件记录或冻结数据记录中的某关联对象属性数据列。 当无一个 OAD 时，RCSD=0，即 SEQUENCE OF CSD 的数据项个数为 0，表示“不选择(即全选)”

9. CSD 数据类型

列选择描述符 CSD（column selection descriptor）的数据类型定义如表 6-29 所示。

表 6-29　CSD 数据类型定义

数据类型定义	说明

CSD∷=CHOICE
{
对象属性描述符　[0] OAD，
记录型对象属性描述符 [1] ROAD
}
	CSD 用于描述记录型对象中记录的列关联对象属性
	OAD——见表 6-25
	ROAD——见表 6-26

10. MS 数据类型

电能表集合 MS(meter set)的数据类型定义如表 6-30 所示。

表 6-30　MS 数据类型定义

数据类型定义	说明

MS∷=CHOICE
{
无电能表　[0]　NULL，
全部用户地址　[1]　NULL，
一组用户类型　[2]　SEQUENCE OF unsigned，
一组用户地址　[3]　SEQUENCE OF TSA，
一组配置序号　[4]　SEQUENCE OF long-unsigned，
一组用户类型区间 [5]　SEQUENCE OF Region，
一组用户地址区间 [6]　SEQUENCE OF Region，
一组配置序号区间 [7]　SEQUENCE OF Region
}
	无电能表——相当于无效配置
	全部用户地址——全部可采集的电能表
	一组用户类型——指定的若干用户类型的那些电能表
	一组用户地址——指定的若干电能表通信地址的那些电能表
	一组配置序号——指定的若干电能表配置序号的那些电能表
	一组用户类型区间——按数组形式给出用户类型范围
	一组用户地址区间——按数组形式给出电能表通信地址范围
	一组配置序号区间——按数组形式给出电能表档案配置序号范围

11. DAR 数据类型

数据访问结果 DAR（data access result）的数据类型定义如表 6-31 所示。

表 6-31　DAR 数据类型定义

数据类型定义	说明
DAR∷=ENUMERATED { 成功　(0)， 硬件失效　(1)， 暂时失效　(2)， 拒绝读写　(3)， 对象未定义　(4)， 对象接口类不符合　(5)，	DAR 采用枚举方式来描述数据访问的各种可能结果

续表

数据类型定义	说明
对象不存在 (6), 类型不匹配 (7), 越界 (8), 数据块不可用 (9), 分帧传输已取消 (10), 不处于分帧传输状态 (11), 块写取消 (12), 不存在块写状态 (13), 数据块序号无效 (14), 密码错/未授权 (15), 通信速率不能更改 (16), 年时区数超 (17), 日时段数超 (18), 费率数超 (19), 安全认证不匹配 (20), 重复充值 (21), ESAM 验证失败 (22), 安全认证失败 (23), 客户编号不匹配 (24), 充值次数错误 (25), 购电超囤积 (26), 地址异常 (27), 对称解密错误 (28), 非对称解密错误 (29), 签名错误 (30), 电能表挂起 (31), 时间标签无效 (32), 请求超时 (33), 其他 (255) }	

12. OMD 数据类型

对象方法描述符 OMD (object method descriptor) 的数据类型定义如表 6-32 所示。

表 6-32 OMD 数据类型定义

数据类型定义	说明

OMD∷=SEQUENCE
{
对象标识 OI,
方法标识 unsigned (1～255),
操作模式 unsigned (0)
}
	OMD 用于描对象的方法
	OI——见 6.3.2 节的"24.OI 数据类型"
	方法标识——即对象方法编号
	操作模式——值默认为 0

13. TSA 数据类型

目标服务器地址 TSA (target server address) 的数据类型定义如表 6-33 所示。

表 6-33　TSA 数据类型定义

数据类型定义	说明
TSA∷=octet-string(SIZE(2～17))	见表 6-21

14. Scaler_Unit 数据类型

换算及单位 Scaler_Unit 数据类型定义如表 6-34 所示。

表 6-34　Scaler_Unit 数据类型定义

数据类型定义	说明

Scaler_Unit∷=SEQUENCE
{
换算　integer，
单位　ENUMERATED
}
	换算——倍数因子的指数，基数为 10；如数值不是数字的，则换算应被置 0
	单位——枚举类型定义物理单位

15. MAC 数据类型

数据安全 MAC 的数据类型定义如表 6-35 所示。

表 6-35　MAC 数据类型定义

数据类型定义	说明
MAC∷=octet-string	见表 6-21

16. SID 安全标识类型

安全标识 SID 的数据类型定义如表 6-36 所示。

表 6-36　SID 数据类型定义

数据类型定义	说明

SID∷=SEQUENCE
{
标识　double-long-unsigned，
附加数据　octet-string
}
	ESAM 所属安全标识

17. SID_MAC 标识类型

SID_MAC 的数据类型定义如表 6-37 所示。

表 6-37　SID_MAC 数据类型定义

数据类型定义	说明

SID_MAC∷=SEQUENCE
{
安全标识　SID，
数据 MAC　MAC
}
	ESAM 所属安全标识以及消息鉴别码

18. RN 数据类型

随机数 RN 的数据类型定义如表 6-38 所示。

表 6-38 RN 数据类型定义

数据类型定义	说明
RN∷=octet-string	ESAM 生成用于加密的信息串

19. ConnectMechanismInfo 数据类型

应用连接请求认证的机制信息 ConnectMechanismInfo 的数据类型定义如表 6-39 所示。

表 6-39 ConnectMechanismInfo 数据类型定义

数据类型定义	说明

ConnectMechanismInfo∷=CHOICE
{
公共连接 [0] NullSecurity，
一般密码 [1] PasswordSecurity，
对称加密 [2] SymmetrySecurity，
数字签名 [3] SignatureSecurity
}
	建立应用连接的机制信息

NullSecurity∷=NULL
PasswordSecurity∷=visible-string
SymmetrySecurity∷=SEQUENCE
{
密文 1 octet-string，
客户机签名 1 octet-string
}
SignatureSecurity∷=SEQUENCE
{
密文 2 octet-string，
客户机签名 2 octet-string
}
	密文 1 为对客户机产生的随机数加密得到的密文
	密文 2 为客户机(主站)对服务器(终端)产生的主站证书等数据加密信息。客户机签名 2 为客户机对密文 2 的签名

20. ConnectResult 数据类型

应用连接请求认证的结果 ConnectResult 的数据类型定义如表 6-40 所示。

表 6-40 ConnectResult 数据类型定义

数据类型定义	说明

ConnectResult∷=ENUMERATED
{
允许建立应用连接 (0)，
密码错误 (1)，
对称解密错误 (2)，
非对称解密错误 (3)，
签名错误 (4)，
协议版本不匹配 (5)，
其他错误 (255)
}
	ConnectResult 采用枚举方式表示应用连接请求认证的结果

21. ConnectResponseInfo 数据类型

应用连接请求的认证响应信息 ConnectResponseInfo 的数据类型定义如表 6-41 所示。

表 6-41　ConnectResponseInfo 数据类型定义

数据类型定义	说明

ConnectResponseInfo∷=SEQUENCE
{
  认证结果　ConnectResult，
  认证附加信息　SecurityData　OPTIONAL
}
SecurityData∷=SEQUENCE
{
  服务器随机数　RN，
  服务器签名信息　octet-string
}
	ConnectResponseInfo 用于表示应用连接请求的认证响应信息

22. TI 数据类型

时间间隔 TI 数据类型定义如表 4-42 所示。

表 6-42　TI 数据类型定义

数据类型定义	说明

TI∷=SEQUENCE
{
  单位　ENUMERATED
  {
    秒　(0)，
    分　(1)，
    时　(2)，
    日　(3)，
    月　(4)，
    年　(5)
  }，
  间隔值　long-unsigned
}
	TI 用于表示时间间隔的间隔值及其时间单位；
	间隔值为 0 表示无间隔

23. Region 区间类型

区间类型 Region 定义如表 6-43 所示。

表 6-43　Region 数据类型定义

数据类型定义	说明

Region∷=SEQUENCE
{
  单位　ENUMERATED
  {
	Region 用于描述数据的区间范围，包括以下四种：(起始值，结束值)、[起始值，结束值)、(起始值，结束值]、[起始值，结束值]

续表

数据类型定义	说明
前闭后开 (0)， 前开后闭 (1)， 前闭后闭 (2)， 前开后开 (3) }， 起始值 Data， 结束值 Data }	

24. OI 数据类型

对象标识数据类型 OI 定义如表 6-44 所示。

表 6-44 OI 数据类型定义

数据类型定义	说明
OI∷=long-unsigned	—

25. date_time 数据类型

日期时间数据类型 date_time 定义如图 6-45 所示。

表 6-45 date_time 数据类型定义

数据类型定义	说明

date_time∷=SEQUENCE
{
year long-unsigned，
month unsigned，
day_of_month unsigned，
day_of_week unsigned，
hour unsigned，
minute unsigned，
second unsigned，
milliseconds long-unsigned
}
	日期和时间的十六进制格式
	year、milliseconds=FFFFH 表示无效
	month、day_of_month、day_of_week、hour、minute、second=FFH 表示无效
	day_of_week：0 表示周日，1～6 分别表示周一到周六

26. date_time_s 数据类型

日期时间数据类型 date_time_s 定义如表 6-46 所示。

表 6-46 date_time_s 数据类型定义

数据类型定义	说明
date_time_s∷=SEQUENCE { year long-unsigned， month unsigned， day unsigned，	日期和时间的十六进制格式 year=FFFFH 表示无效 month、day、hour、minute、second=FFH 表示无效

续表

数据类型定义	说明
hour　unsigned， minute　unsigned， second　unsigned }	

27. date 数据类型

日期数据类型 date 定义如图 6-47 所示。

表 6-47　date 数据类型定义

数据类型定义	说明

date∷=SEQUENCE
{
year　long-unsigned，
month　unsigned，
day_of_month　unsigned，
day_of_week　unsigned
}
	日期的十六进制格式

28. time 数据类型

时间数据类型 time 定义如图 6-48 所示。

表 6-48　time 数据类型定义

数据类型定义	说明

time∷=SEQUENCE
{
hour　unsigned，
minute　unsigned，
second　unsigned
}
	时间的十六进制格式

29. COMDCB 数据类型

串口控制块数据类型 COMDCB 定义如图 6-49 所示。

表 6-49　COMDCB 数据类型定义

数据类型定义	说明
COMDCB∷=SEQUENCE { 波特率　ENUMERATED { 300bps(0)，　600bps(1)，　1200bps(2)， 2400bps(3)，　4800bps(4)，　7200bps(5)， 9600bps(6)，　19200bps(7)，　38400bps(8)， 57600bps(9)，　115200bps(10)，　自适应(255) }，	—

续表

数据类型定义	说明
校验位 ENUMERATED {无校验(0)，奇校验(1)，偶校验(2)}， 数据位 ENUMERATED {5(5)，6(6)，7(7)，8(8)}， 停止位 ENUMERATED {1(1)，2(2)}， 流控 ENUMERATED {无(0)，硬件(1)，软件(2)} }	

6.3.3 应用层协议数据单元

1. 预连接协议数据单元

预连接协议数据单元(LINK-APDU)定义如表 6-50 所示。

表 6-50 LINK-APDU 定义

数据类型定义	说明

LINK-APDU∷=CHOICE
{
预连接请求 [1] LINK-Request，
预连接响应 [129] LINK-Response
}
	—

2. 客户机应用层协议数据单元

客户机应用层协议数据单元(CLIENT-APDU)定义如表 6-51 所示。

表 6-51 CLIENT-APDU 定义

数据类型定义	说明

CLIENT-APDU∷=SEQUENCE
{
应用层服务 CHOICE
{
建立应用连接请求 [2] CONNECT-Request，
断开应用连接请求 [3] RELEASE-Request，
读取请求 [5] GET-Request，
设置请求 [6] SET-Request，
操作请求 [7] ACTION-Request，
上报应答 [8] REPORT-Response，
代理请求 [9] PROXY-Request
}，
时间标签 TimeTag OPTIONAL
}
	—

3. 服务器应用层协议数据单元

服务器应用层协议数据单元(SERVER-APDU)定义如表 6-52 所示。

表 6-52　SERVER-APDU 定义

数据类型定义	说明

SERVER-APDU∷=SEQUENCE
{
应用层服务　CHOICE
{
建立应用连接响应　[130]　CONNECT-Response，
断开应用连接响应　[131]　RELEASE-Response，
断开应用连接通知　[132]　RELEASE-Notification，
读取响应　[133]　GET-Response，
设置响应　[134]　SET-Response，
操作响应　[135]　ACTION-Response，
上报通知　[136]　REPORT-Notification，
代理响应　[137]　PROXY-Response
}，
跟随上报信息域　FollowReport　OPTIONAL，
时间标签　TimeTag　OPTIONAL
}
	—

4. 安全传输协议数据单元

安全传输协议数据单元(SECURITY-APDU)定义如表 6-53 所示。

表 6-53　Security-APDU 定义

数据类型定义	说明

SECURITY-APDU∷=CHOICE
{
安全请求　[16]　SECURITY-Request，
安全响应　[144]　SECURITY-Response
}
	—

6.3.4　预连接

1. LINK-Request 数据类型

预连接请求的数据类型(LINK-Request)定义如表 6-54 所示。

表 6-54　LINK-Request 数据类型定义

数据类型定义	说明

LINK-Request∷=SEQUENCE
{
服务序号-优先级-ACD　PIID-ACD
请求类型　ENUMERATED
{
建立连接（0），
心跳　（1），
断开连接（2）
}，
心跳周期　long-unsigned，
请求时间　date_time
}
	PIID-ACD——见表 6-24
	心跳周期——单位：s
	date_time——见表 6-45

2. LINK-Response 数据类型

预连接响应的数据类型(LINK-Response)定义如表 6-55 所示。

表 6-55 LINK-Response 数据类型定义

数据类型定义	说明

LINK-Response∷=SEQUENCE
{
服务序号-优先级 PIID,
结果 Result,
请求时间 date_time,
收到时间 date_time,
响应时间 date_time
}
	PIID——见表 6-23
	date_time——见表 6-45

Result∷=bit-string(SIZE(8))
{
时钟可信标志 (0),
保留 bit6 (1),
保留 bit5 (2),
保留 bit4 (3),
保留 bit3 (4),
结果 bit2 (5),
结果 bit1 (6),
结果 bit0 (7)
}
	时钟可信标志——用于表示响应方的时钟是否可信(准确),0 为不可信,1 为可信
	结果 bit0～结果 bit2——由二进制编码表示,0 为成功,1 为地址重复,2 为非法设备,3 为容量不足,其他值为保留

6.3.5 建立应用连接

1. 密钥协商

在建立应用连接时进行密钥协商,产生会话密钥,用于计算数据验证码和链路用户数据的加密。

2. CONNECT-Request 数据类型

建立应用连接请求的数据类型(CONNECT-Request)定义如表 6-56 所示。

表 6-56 CONNECT-Request 数据类型定义

数据类型定义	说明
CONNECT-Request∷=SEQUENCE { 服务序号-优先级 PIID, 期望的应用层协议版本号 long-unsigned, 期望的协议一致性块 ProtocolConformance, 期望的功能一致性块 FunctionConformance, 客户机发送帧最大尺寸 long-unsigned, 客户机接收帧最大尺寸 long-unsigned, 客户机接收帧最大窗口尺寸 unsigned, 客户机最大可处理 APDU 尺寸 long-unsigned,	PIID——见表 6-23 客户机发送帧最大尺寸——单位:字节 客户机接收帧最大尺寸——单位:字节 客户机接收帧最大窗口尺寸——单位:个 期望的应用连接超时时间——单位:s

续表

数据类型定义	说明
期望的应用连接超时时间　double-long-unsigned， 认证请求对象　ConnectMechanismInfo }	

3. CONNECT-Response 数据类型

建立应用连接响应的数据类型(CONNECT-Response)定义如表 6-57 所示。

表 6-57　CONNECT-Response 数据类型定义

数据类型定义	说明

CONNECT-Response∷=SEQUENCE
{
服务序号-优先级-ACD　PIID-ACD，
服务器厂商版本信息　FactoryVersion，
商定的应用层协议版本号　long-unsigned，
商定的协议一致性块　ProtocolConformance，
商定的功能一致性块　FunctionConformance，
服务器发送帧最大尺寸　long-unsigned，
服务器接收帧最大尺寸　long-unsigned，
服务器接收帧最大窗口尺寸　unsigned，
服务器最大可处理 APDU 尺寸　long-unsigned，
商定的应用连接超时时间　double-long-unsigned，
连接响应对象　ConnectResponseInfo
}
	PIID-ACD——见表 6-24
	服务器发送帧最大尺寸——单位：字节
	服务器接收帧最大尺寸——单位：字节
	服务器接收帧最大窗口尺寸——单位：个

FactoryVersion∷=SEQUENCE
{
厂商代码　visible-string(SIZE (4))，
软件版本号　visible-string(SIZE (4))，
软件版本日期　visible-string(SIZE (6))，
硬件版本号　visible-string(SIZE (4))，
硬件版本日期　visible-string(SIZE (6))，
厂家扩展信息　visible-string(SIZE (8))
}
	—

6.3.6　断开应用连接

1. RELEASE-Request 数据类型

断开应用连接请求的数据类型(RELEASE-Request)定义如表 6-58 所示。

表 6-58　RELEASE-Request 数据类型定义

数据类型定义	说明

RELEASE-Request∷=SEQUENCE
{
服务序号-优先级　PIID
}
	PIID——见表 6-23

2. RELEASE-Response 数据类型

断开应用连接响应的数据类型(RELEASE-Response)定义如表 6-59 所示。

表 6-59 RELEASE-Response 数据类型定义

数据类型定义	说明

RELEASE-Response∷=SEQUENCE
{
服务序号-优先级-ACD PIID-ACD,
结果 ENUMERATED
{
成功 (0)
}
}
	PIID-ACD——见表 6-24

3. RELEASE-Notification 数据类型

断开应用连接通知的数据类型(RELEASE-Notification)定义如表 6-60 所示。

表 6-60 RELEASE-Notification 数据类型定义

数据类型定义	说明

RELEASE-Notification∷=SEQUENCE
{
服务序号-优先级-ACD PIID-ACD,
应用连接建立时间 date_time_s,
服务器当前时间 date_time_s
}
	PIID-ACD——见表 6-24
	date_time_s——见表 6-45

6.3.7 读取

1. GET-Request 数据类型

读取请求的数据类型(GET-Request)定义如表 6-61 所示。

表 6-61 GET-Request 数据类型定义

数据类型定义	说明

GET-Request∷=CHOICE
{
读取一个对象属性请求 [1] GetRequestNormal,
读取若干个对象属性请求 [2] GetRequestNormalList,
读取一个记录型对象属性请求 [3] GetRequestRecord,
读取若干个记录型对象属性请求 [4] GetRequestRecordList,
读取分帧响应的下一个数据块请求 [5] GetRequestNext
}
	—

1) GetRequestNormal 数据类型

读取一个对象属性请求的数据类型定义如表 6-62 所示。

表 6-62　GetRequestNormal 数据类型定义

数据类型定义	说明

GetRequestNormal∷=SEQUENCE
{
　服务序号-优先级　　PIID，
　一个对象属性描述符　OAD
}
	PIID——见表 6-23
	OAD——见表 6-25

2) GetRequestNormalList 数据类型

读取若干个对象属性请求的数据类型定义如表 6-63 所示。

表 6-63　GetRequestNormalList 数据类型定义

数据类型定义	说明

GetRequestNormalList∷=SEQUENCE
{
　服务序号-优先级　　　PIID，
　若干个对象属性描述符　SEQUENCE OF OAD
}
	PIID——见表 6-23
	OAD——见表 6-25

3) GetRequestRecord 数据类型

读取一个记录型对象属性请求的数据类型定义见如表 6-64 所示。

表 6-64　GetRequestRecord 数据类型定义

数据类型定义	说明

GetRequestRecord∷=SEQUENCE
{
　服务序号-优先级　　　PIID，
　读取一个记录型对象属性　GetRecord
}
	PIID——见表 6-23

GetRecord∷=SEQUENCE
{
　对象属性描述符　　OAD，
　记录选择描述符　　RSD，
　记录列选择描述符　RCSD
}
	OAD——见表 6-25
	RSD——见表 6-27
	RCSD——见表 6-28

4) GetRequestRecordList 数据类型

读取若干个记录型对象属性请求的数据类型定义如表 6-65 所示。

表 6-65 GetRequestRecordList 数据类型定义

数据类型定义	说明

GetRequestRecordList∷=SEQUENCE
{
服务序号-优先级 PIID,
读取若干个记录型对象属性 SEQUENCE OF GetRecord
}
	PIID——见表 6-23
	GetRecord——见表 6-64

5) GetRequestNext 数据类型

读取分帧响应的下一个数据块请求的数据类型定义如表 6-66 所示。

表 6-66 GetRequestNext 数据类型定义

数据类型定义	说明

GetRequestNext∷=SEQUENCE
{
服务序号-优先级 PIID,
正确接收的最近一次数据块序号 long-unsigned
}
	PIID——见表 6-23

2. GET-Response 数据类型

读取响应的数据类型(GET-Response)定义如表 6-67 所示。

表 6-67 GET-Response 数据类型定义

数据类型定义	说明

GET-Response∷=CHOICE
{
读取一个对象属性的响应 [1] GetResponseNormal,
读取若干个对象属性的响应 [2] GetResponseNormalList,
读取一个记录型对象属性的响应 [3] GetResponseRecord,
读取若干个记录型对象属性的响应 [4] GetResponseRecordList,
分帧响应一个数据块 [5] GetResponseNext
}
	—

1) GetResponseNormal 数据类型

读取一个对象属性的响应的数据类型定义如表 6-68 所示。

表 6-68 GetResponseNormal 数据类型定义

数据类型定义	说明

GetResponseNormal∷=SEQUENCE
{
服务序号-优先级-ACD PIID-ACD,
一个对象属性及其结果 A-ResultNormal
}
	PIID-ACD——见表 6-24

A-ResultNormal∷=SEQUENCE {	OAD——见表 6-25 Data——见表 6-22

续表

数据类型定义	说明

对象属性描述符　OAD，
及其结果　Get-Result
}
Get-Result∷=CHOICE
{
错误信息　[0]　DAR，
数据　[1]　Data
}
	DAR——见表 6-31

2) GetResponseNormalList 数据类型

读取若干个对象属性的响应的数据类型定义如表 6-69 所示。

表 6-69　GetResponseNormalList 数据类型定义

数据类型定义	说明

GetResponseNormalList∷=SEQUENCE
{
服务序号-优先级-ACD　PIID-ACD，
若干个对象属性及其结果　SEQUENCE OF A-ResultNormal
}
	PIID-ACD——见表 6-24

3) GetResponseRecord 数据类型

读取一个记录型对象属性的响应的数据类型定义如表 6-70 所示。

表 6-70　GetResponseRecord 数据类型定义

数据类型定义	说明

GetResponseRecord∷=SEQUENCE
{
服务序号-优先级-ACD　PIID-ACD，
一个记录型对象属性及其结果　A-ResultRecord
}
	PIID-ACD——见表 6-24

A-ResultRecord∷=SEQUENCE
{
记录型对象属性描述符　OAD，
一行记录 *N* 列属性描述符　RCSD，
响应数据　CHOICE
{
错误信息　[0] DAR，
M 条记录　[1] SEQUENCE OF A-RecordRow
}
	OAD——见表 6-25
	一行记录 *N* 列属性描述符——即记录表的表头信息

A-RecordRow∷=SEQUENCE
{
第 1 列数据　Data，
第 2 列数据　Data，
…
第 *N* 列数据　Data
}
	第 1～*N* 列——其排列顺序与“一行记录 *N* 列属性描述符”的排列顺序一致
	Data——见表 6-22

4) GetResponseRecordList 数据类型

读取若干个记录型对象属性的响应的数据类型定义如表 6-71 所示。

表 6-71 GetResponseRecordList 数据类型定义

数据类型定义	说明

GetResponseRecordList∷=SEQUENCE
{
服务序号-优先级-ACD PIID-ACD，
若干个记录型对象属性及其结果 SEQUENCE OF A-ResultRecord
}
	PIID-ACD——见表 6-24
	OAD——见表 6-25

5) GetResponseNext 数据类型

分帧响应一个数据块的数据类型定义如表 6-72 所示。

表 6-72 GetResponseNext 数据类型定义

数据类型定义	说明

GetResponseNext∷=SEQUENCE
{
服务序号-优先级-ACD PIID-ACD，
末帧标志 BOOLEAN，
分帧序号 long-unsigned，
分帧响应 CHOICE
{
错误信息 [0] DAR，
对象属性 [1] SEQUENCE OF A-ResultNormal，
记录型对象属性 [2] SEQUENCE OF A-ResultRecord
}
}
	PIID-ACD——见表 6-24
	DAR——见表 6-31

6.3.8 设置

1. SET-Request 数据类型

设置请求的数据类型(SET-Request)定义如表 6-73 所示。

表 6-73 SET-Request 数据类型定义

数据类型定义	说明

SET-Request∷=CHOICE
{
设置一个对象属性请求 [1] SetRequestNormal，
设置若干个对象属性请求 [2] SetRequestNormalList，
设置后读取若干个对象属性请求 [3] SetThenGetRequestNormalList
}
	—

1) SetRequestNormal 数据类型

设置一个对象属性请求的数据类型定义如表 6-74 所示。

表 6-74　SetRequestNormal 数据类型定义

数据类型定义	说明

SetRequestNormal∷=SEQUENCE
{
服务序号-优先级　PIID，
一个对象属性描述符　OAD，
数据　Data
}
	PIID——见表 6-23
	OAD——见表 6-25
	Data——见表 6-22

2) SetRequestNormalList 数据类型

设置若干个对象属性请求的数据类型定义如表 6-75 所示。

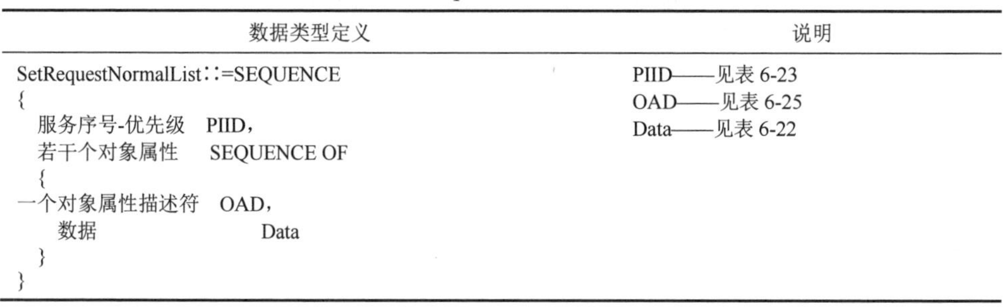

表 6-75　SetRequestNormalList 数据类型定义

数据类型定义	说明

SetRequestNormalList∷=SEQUENCE
{
服务序号-优先级　PIID，
若干个对象属性　SEQUENCE OF
{
一个对象属性描述符　OAD，
数据　Data
}
}
	PIID——见表 6-23
	OAD——见表 6-25
	Data——见表 6-22

3) SetThenGetRequestNormalList 数据类型

设置后读取若干个对象属性请求的数据类型定义如表 6-76 所示。

表 6-76　SetThenGetRequestNormalList 数据类型定义

数据类型定义	说明

SetThenGetRequestNormalList∷=SEQUENCE
{
服务序号-优先级　PIID，
若干个设置后读取对象属性　SEQUENCE OF
{
一个设置的对象属性　OAD，
数据　Data，
一个读取的对象属性　OAD，
延时读取时间　unsigned
}
}
	PIID——见表 6-23
	OAD——见表 6-25
	Data——见表 6-22
	延时读取时间——单位：s，0 表示采用服务器默认的延时时间

2. SET-Response 数据类型

设置响应的数据类型(SET-Response)定义如表 6-77 所示。

表 6-77 SET-Response 数据类型定义

数据类型定义	说明

SET-Response∷=CHOICE
{
设置一个对象属性的确认信息响应 [1] SetResponseNormal，
设置若干个对象属性的确认信息响应 [2] SetResponseNormalList，
设置的确认信息以及读取的响应 [3] SetThenGetResponseNormalList
}
	—

1) SetResponseNormal 数据类型

设置一个对象属性的确认信息响应的数据类型定义如表 6-78 所示。

表 6-78 SetResponseNormal 数据类型定义

数据类型定义	说明

SetResponseNormal∷=SEQUENCE
{
服务序号-优先级-ACD PIID-ACD，
一个对象属性描述符 OAD，
设置执行结果 DAR
}
	PIID-ACD——见表 6-24
	OAD——见表 6-25
	DAR——见表 6-31

2) SetResponseNormalList 数据类型

设置若干个对象属性的确认信息响应的数据类型定义如表 6-79 所示。

表 6-79 SetResponseNormalList 数据类型定义

数据类型定义	说明

SetResponseNormalList∷=SEQUENCE
{
服务序号-优先级-ACD PIID-ACD，
若干个对象属性设置结果 SEQUENCE OF
{
一个对象属性描述符 OAD，
设置执行结果 DAR
}
}
	PIID-ACD——见表 6-24
	OAD——见表 6-25
	DAR——见表 6-31

3) SetThenGetResponseNormalList 数据类型

设置若干个对象属性的确认信息以及读取若干个对象属性的响应的数据类型定义如表 6-80 所示。

表 6-80 SetThenGetResponseNormalList 数据类型定义

数据类型定义	说明
SetThenGetResponseNormalList∷=SEQUENCE { 服务序号-优先级-ACD PIID-ACD，	PIID-ACD——见表 6-24 OAD——见表 6-25 DAR——见表 6-31

续表

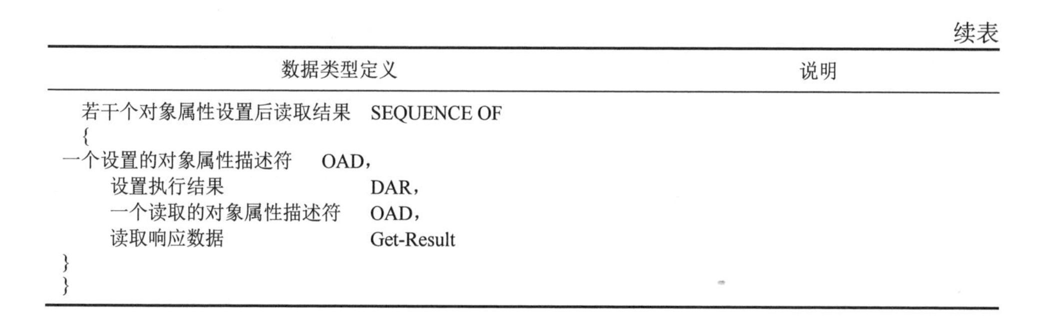

数据类型定义	说明

若干个对象属性设置后读取结果　SEQUENCE OF
{
一个设置的对象属性描述符　OAD，
设置执行结果　DAR，
一个读取的对象属性描述符　OAD，
读取响应数据　Get-Result
}
}	

6.3.9　操作

1. ACTION-Request 数据类型

1) ACTION-Request 数据类型定义

操作请求的数据类型(ACTION-Request)定义如表 6-81 所示。

表 6-81　ACTION-Request 数据类型定义

数据类型定义	说明

ACTION-Request∷=CHOICE
{
操作一个对象方法请求　[1] ActionRequest，
操作若干个对象方法请求　[2] ActionRequestList，
操作若干个对象方法后读取若干个对象属性请求　[3] ActionThenGetRequestNormalList
}
	—

2) ActionRequest 数据类型

操作一个对象方法请求的数据类型定义如表 6-82 所示。

表 6-82　ActionRequest 数据类型定义

数据类型定义	说明

ActionRequest∷=SEQUENCE
{
服务序号-优先级　PIID，
一个对象方法描述符　OMD，
方法参数　Data
}
	PIID——见表 6-23
	OMD——见表 6-32
	Data——见表 6-22

3) ActionRequestList 数据类型

操作若干个对象方法请求的数据类型定义如表 6-83 所示。

表 6-83 ActionRequestList 数据类型定义

数据类型定义	说明

ActionRequestList∷=SEQUENCE
{
服务序号-优先级 PIID，
若干个对象属性 SEQUENCE OF
{
一个对象方法描述符 OMD，
方法参数 Data
}
}
	PIID——见表 6-23
	OMD——见表 6-32
	Data——见表 6-22

4) ActionThenGetRequestNormalList 数据类型

操作若干个对象方法后读取若干个对象属性请求的数据类型定义如表 6-84 所示。

表 6-84 ActionThenGetRequestNormalList 数据类型定义

数据类型定义	说明

ActionThenGetRequestNormalList∷=SEQUENCE
{
服务序号-优先级 PIID，
若干个操作对象方法后读取对象属性 SEQUENCE OF
{
一个设置的对象方法描述符 OMD，
方法参数 Data，
一个读取的对象属性描述符 OAD，
读取延时 unsigned
}
}
	PIID——见表 6-23
	OAD——见表 6-25
	OMD——见表 6-32
	Data——见表 6-22
	读取延时——单位：s，0 表示取服务器默认的延时时间

2. ACTION-Response 数据类型

1) ACTION-Response 数据类型定义

操作响应的数据类型(ACTION-Response)定义如表 6-85 所示。

表 6-85 ACTION-Response 数据类型定义

数据类型定义	说明

ACTION-Response∷=CHOICE
{
操作一个对象方法的响应 [1] ActionResponseNormal，
操作若干个对象方法的响应 [2] ActionResponseNormalList，
操作若干个对象方法后读取若干个属性的响应 [3] ActionThenGetResponseNormalList
}
	—

2) ActionResponseNormal 数据类型

操作一个对象方法的响应的数据类型定义如表 6-86 所示。

表 6-86 ActionResponseNormal 数据类型定义

数据类型定义	说明

ActionResponseNormal∷=SEQUENCE
{
服务序号-优先级-ACD PIID-ACD，
一个对象方法描述符 OMD，
操作执行结果 DAR，
操作返回数据 Data OPTIONAL
}
	PIID-ACD——见表 6-24
	OMD——见表 6-32
	DAR——见表 6-31
	Data——见表 6-22

3）ActionResponseNormalList 数据类型

操作若干个对象方法的响应的数据类型定义如表 6-87 所示。

表 6-87 ActionResponseNormalList 数据类型定义

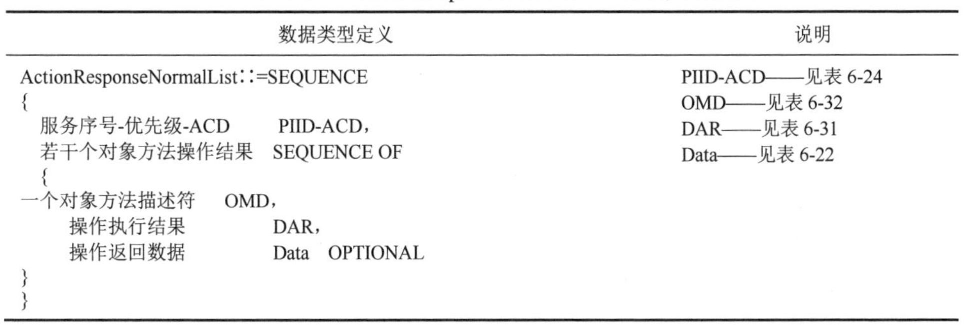

数据类型定义	说明

ActionResponseNormalList∷=SEQUENCE
{
服务序号-优先级-ACD PIID-ACD，
若干个对象方法操作结果 SEQUENCE OF
{
一个对象方法描述符 OMD，
操作执行结果 DAR，
操作返回数据 Data OPTIONAL
}
}
	PIID-ACD——见表 6-24
	OMD——见表 6-32
	DAR——见表 6-31
	Data——见表 6-22

4）ActionThenGetResponseNormalList 数据类型

操作若干个对象方法后读取若干个属性的响应的数据类型定义如表 6-88 所示。

表 6-88 ActionThenGetResponseNormalList 数据类型定义

数据类型定义	说明

ActionThenGetResponseNormalList∷=SEQUENCE
{
服务序号-优先级-ACD PIID-ACD，
操作若干个对象方法后读取属性的结果 SEQUENCE OF
{
一个设置的对象方法描述符 OMD，
操作执行结果 DAR，
操作返回数据 Data OPTIONAL，
一个读取的对象属性描述符 OAD，
读取响应数据 Get-Result
}
}
	PIID-ACD——见表 6-24
	OMD——见表 6-32
	DAR——见表 6-31
	OAD——见表 6-25
	Data——见表 6-22

6.4 应用层编码规范

本部分应用层协议数据单元(APDU)遵循 A-XDR 编码规则，详见《采用配电线载波的配电自动化　第 6 部分：A-XDR 编码规则》(DL/T 790.6—2010)。

第7章　智能电能表通信协议规范性接口类与对象标识

7.1　对 象 模 型

本部分采用对象建模技术，对象是属性和方法的集合。对象的信息包含在对象的属性中，属性的值表示对象的特征，并能影响对象的行为特征。所有对象的第一个属性都是“逻辑名”，逻辑名是对象标识的一部分。每个对象都提供了一些检查或修改属性值的方法[29-45]。

具有共享公共特征的对象归纳为接口类(IC)，接口类是同一类对象共同特征及行为的表达模板，接口类由类标识码(class_id)进行标识。对于某个接口类，公共特征(包括属性和方法)是为所有对象描述的。接口类的实例称为接口类对象，简称对象[45-47]。

一个对象只能属于一个接口类，对象具有所属接口类的全部属性和方法。一个对象对应于一个唯一的标识，即对象标识(OI)，用于对对象进行引用。

对于本部分采用的终端、支撑工具和其他系统元件，智能电能表可采用互操作的方式进行通信。

7.2　接口类的表示方法

用于定义本部分接口类的表述方法是以表格形式给出类的概貌，表格中包括类名、属性和方法。类说明模板如表7-1所示。

表7-1　接口类说明模板

类名		实例数
属性		数据类型
1．逻辑名(OI)	(static)	octet-string
2．……	(……)	……
3．……	(……)	……
方法		必选/可选
1．……		……
2．……		……

(1)类名：类的说明，如电能量类、最大需量类、功率类、冻结类等。

(2)实例数：规定逻辑设备内类的范例号的范围。

(3)类标识码：数值范围为0～255。

(4)属性：规定类的属性，静态(static)表示终端自身不能更改的属性，如配置参数；动态(dyn.)表示载有过程的属性，此属性是由终端自己刷新的。

(5)数据类型：定义属性的数据类型。

(6)方法：规定类的方法[Method Name()]，这些方法应在“方法说明”中说明。

(7)必选/可选：定义方法是必选的还是可选的。

每个属性和方法都应有详细说明。属性说明是说明属性的数据类型(如果是复杂数据类型)。方法说明是说明对象的每个方法和执行的行为特征。

7.3 接 口 类

7.3.1 电能量接口类(class_id=1)

本接口类对象提供存储电能量类信息，定义如表7-2所示。

表7-2 电能量接口类定义

电能量接口类		0～n
属性		数据类型
1．逻辑名	(static)	octet-string
2．总及费率电能量数组	(dyn.)	array
3．换算及单位	(static)	Scaler_Unit
4．高精度总及费率电能量数组	(dyn.)	array
5．高精度换算及单位	(static)	Scaler_Unit
方法		必选/可选
1．复位		可选
2．执行		可选

电能量接口类属性说明如表7-3所示。

表7-3 电能量接口类属性说明

编号	属性	说明
1	逻辑名	标记接口类对象实例，使用OI
2	总及费率电能量数组∷=array 电能量	包含总及 n 个费率的电能量，规定其第一个数组

续表

编号	属性	说明

	电能量：
	CHOICE
	{
	double-long-unsigned　[6]，
	double-long　[5]
	}
		元素是总电能量，后面依次排列费率 1～*n* 电能量

3	换算及单位∷=Scaler_Unit	

4	高精度总及费率电能量数组∷=array 高精度电能量
	高精度电能量：
	CHOICE
	{
	long64-unsigned　[21]，
	long64　[20]
	}
		包含总及 *n* 个费率的电能量，规定其第一个数组元素是总电能量，后面依次排列费率 1～*n* 电能量

5	高精度换算及单位∷=Scaler_Unit	

电能量接口类方法说明如表 7-4 所示。

表 7-4　电能量接口类方法说明

编号	方法	说明
1	复位(参数) 参数∷=integer(0)	通用方法，instance-specific
2	执行(参数) 参数∷=Data	通用方法，instance-specific

7.3.2　最大需量接口类(class_id=2)

本接口类对象提供存储最大需量类信息，定义如表 7-5 所示。

表 7-5　最大需量接口类定义

最大需量接口类		0～*n*
属性		数据类型
1．逻辑名	(static)	octet-string
2．总及费率最大需量数组	(dyn.)	array
3．换算及单位	(static)	Scaler_Unit
方法		必选/可选
1．复位		可选
2．执行		可选

最大需量接口类属性说明如表 7-6 所示。

表 7-6 最大需量接口类属性说明

编号	属性	说明
1	逻辑名	标记接口类对象实例，使用 OI

2	总及费率最大需量数组∷=array 最大需量及发生时间
	最大需量及发生时间∷=structure
	{
	最大需量值 CHOICE，
	发生时间 date_time_s
	}
	最大需量值 ：
	CHOICE
	{
	double-long [5]，
	double-long-unsigned [6]
	}
		包含总及 n 个费率的最大需量，规定其第一个数组元素是总最大需量，后面依次排列费率 1～n 最大需量

3	换算及单位∷=Scaler_Unit	见表 6-34，最大需量发生时间无换算单位

最大需量接口类方法说明如表 7-7 所示。

表 7-7 最大需量接口类方法说明

编号	方法	说明
1	复位(参数) 参数∷=integer(0)	通用方法，instance-specific
2	执行(参数) 参数∷=Data	通用方法，instance-specific

7.3.3 分相变量接口类(class_id=3)

本接口类对象提供存储电压、电流、相角等分相变量类信息，定义如表 7-8 所示。

表 7-8 分相变量接口类定义

分相变量接口类		0～n
属性		数据类型
1．逻辑名	(static)	octet-string
2．分相数值组	(dyn.)	array
3．换算及单位	(static)	Scaler_Unit
方法		必选/可选
1．复位		可选
2．执行		可选

分相变量接口类属性说明如表 7-9 所示。

表 7-9　分相变量接口类属性说明

编号	属性	说明
1	逻辑名	标记接口类对象实例，使用 OI
2	分相数值组∷=array 分相数值 分相数值∷=instance-specific	数值组按 A 相、B 相、C 相、N 线顺序排列，其中：仅电流有 N 线，另外，当接线方式为单相时，A、B、C 三相改为 A 相(某一相)
3	换算及单位∷=Scaler_Unit	见表 6-34

分相变量接口类方法说明如表 7-10 所示。

表 7-10　分相变量接口类方法说明

编号	方法	说明
1	复位(参数) 参数∷=integer(0)	通用方法，instance-specific
2	执行(参数) 参数∷=Data	通用方法，instance-specific

7.3.4　功率接口类(class_id=4)

本接口类对象提供存储功率、功率因数等信息，定义如表 7-11 所示。

表 7-11　功率接口类定义

功率接口类		0～n
属性		数据类型
1．逻辑名	(static)	octet-string
2．总及分相数值组	(dyn.)	array
3．换算及单位	(static)	Scaler_Unit
方法		必选/可选
1．复位		可选
2．执行		可选

功率接口类属性说明如表 7-12 所示。

表 7-12 功率接口类属性说明

编号	属性	说明
1	逻辑名	标记接口类对象实例，使用 OI
2	总及分相数值组∷=array 总或分相数值 总或分相数值∷=instance-specific	数值组按总、A 相、B 相、C 相顺序排列，当接线方式为单相时，为总、A 相(某一相)
3	换算及单位∷=Scaler_Unit	见表 6-34

功率接口类方法说明如表 7-13 所示。

表 7-13 功率接口类方法说明

编号	方法	说明
1	复位(参数) 参数∷=integer(0)	通用方法，instance-specific
2	执行(参数) 参数∷=Data	通用方法，instance-specific

7.3.5 谐波变量接口类(class_id=5)

本接口类对象提供存储谐波变量类信息，定义如表 7-14 所示。

表 7-14 谐波变量接口类定义

谐波变量接口类		0～n
属性		数据类型
1. 逻辑名	(static)	octet-string
2. A 相 n 次数值组	(dyn.)	array
3. B 相 n 次数值组	(dyn.)	array
4. C 相 n 次数值组	(dyn.)	array
5. 谐波次数 n	(static)	unsigned
6. 换算及单位	(static)	Scaler_Unit
方法		必选/可选
1. 复位		可选
2. 执行		可选

谐波变量接口类属性说明如表 7-15 所示。

表 7-15　谐波变量接口类属性说明

编号	属性	说明
1	逻辑名	标记接口类对象实例，使用 OI
2	A 相 *n* 次数值组∷=array A 相各次数值 A 相各次数值∷=instance-specific	包含 A 相谐波相关数值
3	B 相 *n* 次数值组∷=array B 相各次数值 B 相各次数值∷=instance-specific	包含 B 相谐波相关数值
4	C 相 *n* 次数值组∷=array C 相各次数值 C 相各次数值∷=instance-specific	包含 C 相谐波相关数值
5	谐波次数 *n*	表示谐波相关数值组中的最高谐波次数
6	换算及单位∷=Scaler_Unit	见表 6-34

谐波变量接口类方法说明如表 7-16 所示。

表 7-16　谐波变量接口类方法说明

编号	方法	说明
1	复位(参数) 参数∷=integer(0)	通用方法，instance-specific
2	执行(参数) 参数∷=Data	通用方法，instance-specific

7.3.6　数据变量接口类(class_id=6)

本接口类对象提供存储过程值或与过程值单元相关的状态值信息，定义如表 7-17 所示。

表 7-17　数据变量接口类定义

数据变量接口类		0～*n*
属性		数据类型
1．逻辑名	(static)	octet-string
2．数值	(dyn.)	instance-specific
3．换算及单位	(static)	Scaler_Unit
方法		必选/可选
1．复位		可选
2．执行		可选

数据变量接口类属性说明如表 7-18 所示。

表 7-18 数据变量接口类属性说明

编号	属性	说明
1	逻辑名	标记接口类对象实例，使用 OI
2	数值	包含过程值或与过程值单元相关的状态值，数据类型依据“逻辑名”决定的对象实例而定义
3	换算及单位∷=Scaler_Unit	见表 6-34

数据变量接口类方法说明如表 7-19 所示。

表 7-19 数据变量接口类方法说明

编号	方法	说明
1	复位(参数) 参数∷=integer(0)	通用方法，instance-specific
2	执行(参数) 参数∷=Data	通用方法，instance-specific

7.3.7 事件对象接口类(class_id=7)

本接口类对象提供配置、存储事件记录类信息，定义如表 7-20 所示。

表 7-20 事件对象接口类定义

事件对象接口类		0～n
属性		数据类型
1．逻辑名	(static)	octet-string
2．事件记录表	(dyn.)	array
3．关联对象属性表	(static)	array
4．当前记录数	(dyn.)	long-unsigned
5．最大记录数	(static)	long-unsigned
6．配置参数	(static)	structure
7．当前值记录表	(dyn.)	array
8．上报标识	(static)	bool
9．有效标识	(static)	bool
方法		必选/可选
1．复位		可选
2．执行		可选
3．触发一次记录		可选
4．添加一个事件关联对象属性		可选
5．删除一个事件关联对象属性		可选

事件对象接口类属性说明如表 7-21 所示。

表 7-21　事件对象接口类属性说明

编号	属性	说明
1	逻辑名	标记接口类对象实例，使用 OI

2	事件记录表∷=array 一条事件记录
	一条事件记录∷=structure
	{
	事件记录序号 double-long-unsigned，
	事件发生时间 date_time_s，
	事件结束时间 date_time_s，
	事件发生源 instance-specific，
	事件上报状态 array 通道上报状态，
	事件特殊数据 1 instance-specific，
	…
	事件特殊数据 N instance-specific，
	第 1 个关联对象属性的数据 Data，
	…
	第 *n* 个关联对象属性的数据 Data
	}
	通道上报状态∷=structure
	{
	通道 OAD，
	上报状态 enum
	{
	未上报(0)，
	已上报(1)，
	上报未确认(2)
	}
	}
		用于存储事件记录，记录根据“触发事件配置参数”自动产生或执行“触发一次记录”而来
		记录的顺序按照事件发生的次序排序，最近发生的事件记录在前，即固定按照事件序号的倒序进行排序
		缺省值：复位后事件记录表为空
		事件记录序号——单调递增
		事件发生源——具体内容由对象实例定义
		事件上报状态——按通道分别记录上报状态
		关联对象属性的数据——其排列次序和个数 *n*，由本对象的属性 3 决定。
		事件特殊数据可由具体对象定义

3	关联对象属性表∷=array 一个关联的对象属性 一个关联的对象属性∷=OAD	规定生成事件记录时所要关联的 *n* 个对象属性，这些对象属性的数值将被复制到事件类对象的事件记录中 事件关联特征分为四种：事件发生前、事件发生后、事件结束前、事件结束后，由 OAD 的“属性标识”的“属性特征”的值来区分并表示 属性特征：1 表示事件发生前；2 表示事件发生后；3 表示事件结束前；4 表示事件结束后
4	当前记录数	表示保存在事件记录表中的记录数。调用方法“复位”后，记录表中不包含任何记录，此时当前记录数为零。在每次事件发生执行记录操作后，当前记录数加 1，直到记录数等于最大记录数
5	最大记录数	规定事件记录表所允许存放的最多记录个数，此值受物理空间限制

6	配置参数∷=structure
	{
	参数 1 instance-specific，
	…
	参数 n instance-specific
	}
		用于配置触发事件记录的判定参数，参数的数据类型依据“逻辑名”决定的对象实例而定义

7	当前值记录表∷=array 当前值 当前值∷=structure { 事件发生源 instance-specific，	事件发生源，在具体的事件中定义 包含事件发生的次数以及累计时间 事件发生次数——单位：次 事件累计时间——单位：s

续表

编号	属性	说明

	累计时间及发生次数 structure
	{
	事件发生次数 double-long-unsigned,
	事件累计时间 double-long-unsigned
	}
	}	

8	上报标识∷=bool	True，发生事件立即上报 False，不上报
9	有效标识∷=bool	

事件对象接口类方法说明如表 7-22 所示。

表 7-22 事件对象接口类方法说明

编号	方法	说明
1	复位(参数) 参数∷=integer(0)	通用方法，instance-specific
2	执行(参数) 参数∷=Data	通用方法，instance-specific
3	触发一次记录(事件发生源，参数) 事件发生源∷=instance-specific 参数∷=long-unsigned 延时执行的时间	根据延时时间(参数)触发执行一次事件记录操作 参数——延时执行的时间，单位：s，0 表示立即执行(无延时)
4	添加一个事件关联对象属性(参数) 参数∷=OAD 对象属性描述符	在属性“关联对象属性表”中，增加一个关联对象属性 参数——对象属性描述符
5	删除一个事件关联对象属性(参数) 参数∷=OAD 对象属性描述符	在属性“关联对象属性表”中，删除一个关联对象属性 参数——对象属性描述符

7.3.8 参数变量接口类(class_id=8)

本接口类对象提供存储终端的各种参数类信息，定义如表 7-23 所示。

表 7-23 参数变量接口类定义

参数变量接口类		0～n
属性		数据类型
1. 逻辑名	(static)	octet-string
2. 参数	(static)	instance-specific
方法		必选/可选
1. 复位		可选
2. 执行		可选

参数变量接口类属性说明如表 7-24 所示。

表 7-24　参数变量接口类属性说明

编号	属性	说明
1	逻辑名	标记接口类对象实例，使用 OI
2	参数	包含终端的各种参数类信息，参数的数据类型依据“逻辑名”决定的对象实例而定义

参数变量接口类方法说明如表 7-25 所示。

表 7-25　参数变量接口类方法说明

编号	方法	说明
1	复位(参数) 参数∷=integer(0)	通用方法，instance-specific
2	执行(参数) 参数∷=Data	通用方法，instance-specific

7.3.9　冻结数据接口类(class_id=9)

本接口类对象提供配置、存储冻结数据及其相关信息，定义如表 7-26 所示。

表 7-26　冻结数据接口类定义

冻结数据接口类		0～*n*
属性		数据类型
1．逻辑名	(static)	octet-string
2．冻结数据表	(dyn.)	array
3．关联对象属性表	(static)	array
4．当前记录数	(dyn.)	long-unsigned
5．最大记录数	(static)	long-unsigned
6．配置参数	(static)	structure
方法		必选/可选
1．复位		可选
2．执行		可选
3．触发一次冻结		可选
4．添加一个冻结对象属性		可选
5．删除一个冻结对象属性		可选

冻结数据接口类属性说明如表 7-27 所示。

表 7-27 冻结数据接口类属性说明

编号	属性	说明
1	逻辑名	标记接口类对象实例，使用 OI

2	冻结数据表∷=array 一条冻结记录
	一条冻结记录∷=structure
	{
	冻结记录序号 double-long-unsigned，
	冻结时间 date_time_s，
	第 1 个关联对象属性的数据 Data，
	…
	第 *n* 个关联对象属性的数据 Data
	}
		用于存储冻结数据(记录)，记录根据“冻结周期”和“延时时间”自动冻结或执行“触发一次冻结”而来
		记录的顺序按照冻结发生的次序排序，最近发生的事件记录在前，即固定按照事件序号的倒序进行排序
		缺省值：复位后冻结数据表为空
		冻结记录序号——单调递增
		关联对象属性的数据——其排列次序和个数 *n*，由本对象的属性 3 决定

3	关联对象属性表∷=array 一个关联的对象属性
	一个关联的对象属性∷=structure
	{
	冻结周期 long-unsigned，
	关联对象属性描述符 OAD
	}
		用于规定冻结记录所要冻结的 *n* 个对象属性，这些对象属性的数据将被复制到冻结数据类对象的冻结记录中
		冻结周期——规定冻结操作的间隔时间，其数值单位根据“逻辑名”决定的实例而定：秒冻结为“秒”；分钟冻结为“分钟”；小时冻结为“小时”；日冻结为“日”；月冻结为“月”；年冻结为“年”；结算日冻结为“结算日”。当其大于零时：表示为按“冻结周期”和“延时时间”自动冻结；当其为零时，表示为非自动冻结，而是由外部条件或异步发生的冻结事件触发(由执行“触发一次冻结”)而来
		冻结基准时间为 2000 年 1 月 1 日 0 时 0 分，对于秒冻结，如果冻结周期设置为 2，则每 2 秒冻结一次；对于分钟冻结，在 0 秒冻结；对于小时冻结，在 0 分冻结；对于日冻结，在 0 时 0 分冻结；对于月冻结，在 1 日 0 时 0 分冻结；结算日冻结在每次发生月结算动作时冻结；对于年冻结，在 1 月 1 日 0 时 0 分冻结；对于阶梯结算冻结，在阶梯结算时冻结；切换冻结在发生切换动作时冻结

4	当前记录数	表示保存在冻结数据表中的记录数。调用方法“复位”后，记录表中不包含任何记录，此时当前记录数为零。在每次执行冻结操作后，当前记录数加 1，直到记录数等于最大记录数
5	最大记录数	用于规定冻结数据表所允许存放的最多记录个数，此值受物理空间限制
6	配置参数∷=instance-specific	用于配置触发冻结记录的判定参数，参数的数据类型依据“逻辑名”决定的对象实例而定义

冻结数据接口类方法说明如表 7-28 所示。

表 7-28 接口类方法说明

编号	方法	说明
1	复位(参数) 参数∷=integer(0)	通用方法，instance-specific
2	执行(参数) 参数∷=Data	通用方法，instance-specific

续表

编号	方法	说明
3	触发一次冻结(参数) 参数∷=long-unsigned 延时执行的时间	根据延时时间(参数)触发执行一次事件记录操作 参数——延时执行的时间，单位：s，0 表示立即执行(无延时)

4	添加一个冻结对象属性(参数)
	参数∷=structure
	{
	冻结周期　long-unsigned，
	关联对象属性描述符　OAD
	}
		在属性“关联对象属性表”中，增加一个冻结对象属性

5	删除一个冻结对象属性(参数) 参数∷=OAD 对象属性描述符	在属性“关联对象属性表”中，删除一个冻结对象属性 参数——对象属性描述符

7.3.10　采集监控接口类(class_id=10)

本接口类对象提供一种通用的与采集有关的参数或数据记录表，用于配置和存储与采集监控相关的参数、数据和记录，应依据“逻辑名”所定义的实例而确定无歧义的解释。本接口类定义如表 7-29 所示。

表 7-29　采集监控接口类定义

采集监控接口类		0～n
属性		数据类型
1．逻辑名	(static)	octet-string
2．配置表	(static)	array
3．记录表	(dyn.)	array
4．实时监控记录表	(dyn.)	array
方法		必选/可选
1．复位		可选
2．执行		可选
3．清空记录表		可选

采集监控接口类属性说明如表 7-30 所示。

表 7-30　采集监控接口类属性说明

编号	属性	说明
1	逻辑名	标记接口类对象实例，使用 OI
2	配置表∷=array 配置单元 配置参数∷=instance-specific	是“配置单元”的数组 配置单元——用于配置采集所需的档案参数或采集所需的以触发采集数据记录的任务参数，其内容及其数据类型依据“逻辑名”决定的对象实例而定义

续表

编号	属性	说明
3	记录表∷=array 记录单元 记录单元∷=instance-specific	是“记录单元”的数组 记录单元——用于根据“配置单元”记录与采集相关的数据，其内容及其数据类型依据“逻辑名”决定的对象实例而定义
4	实时监控记录表∷=array 实时监控记录单元 实时监控记录单元∷=instance-specific	实时监控特征分为两种：变化前、变化后，由OAD的“属性标识”的“属性特征”的值来区分并表示 属性特征：1为变化前；2为变化后

采集监控接口类方法说明如表7-31所示。

表7-31 采集监控接口类方法说明

编号	方法	说明
1	复位(参数) 参数∷=integer(0)	通用方法，instance-specific
2	执行(参数) 参数∷=Data	通用方法，instance-specific
3	清空记录表	—

7.3.11 集合接口类(class_id=11)

本接口类对象提供配置、存储终端采集数据及其相关信息，定义如表7-32所示。

表7-32 集合接口类定义

集合接口类		$0\sim n$
属性		数据类型
1．逻辑名	(static)	octet-string
2．集合	(dyn.)	array
3．当前元素个数	(dyn.)	long-unsigned
4．最大元素个数	(static)	long-unsigned
方法		必选/可选
1．复位		可选
2．执行		可选

集合接口类属性说明如表7-33所示。

表 7-33 集合接口类属性说明

编号	属性	说明
1	逻辑名	标记接口类对象实例，使用 OI
2	集合∷=array 集合元素 集合元素∷=instance-specific	是“集合元素”的数组 集合元素——其内容及其数据类型依据“逻辑名”决定的对象实例而定义
3	当前元素个数	表示保存在记录表中的记录数。调用方法“复位”后，记录表中不包含任何记录，此时当前记录数为零。在每次执行记录操作后，当前记录数加 1，直到记录数等于最大记录数
4	最大元素个数	用于规定记录表所允许存放的最多记录个数，此值受物理空间限制

集合接口类方法说明如表 7-34 所示。

表 7-34 集合接口类方法说明

编号	方法	说明
1	复位(参数) 参数∷=integer(0)	通用方法，instance-specific
2	执行(参数) 参数∷=Data	通用方法，instance-specific

7.3.12 脉冲计量接口类(class_id=12)

脉冲计量接口类定义如表 7-35 所示。

表 7-35 脉冲计量接口类定义

脉冲计量接口类		0～*n*
属性		数据类型
1．逻辑名	(static)	octet-string
2．通信地址	(static)	TSA
3．互感器倍率	(static)	structure
4．脉冲配置	(static)	array
5．有功功率	(dyn.)	double-long
6．无功功率	(dyn.)	double-long
7．当日正向有功电量	(dyn.)	array
8．当月正向有功电量	(dyn.)	array
9．当日反向有功电量	(dyn.)	array
10．当月反向有功电量	(dyn.)	array
11．当日正向无功电量	(dyn.)	array

续表

脉冲计量接口类		0～n
12．当月正向无功电量	(dyn.)	array
13．当日反向无功电量	(dyn.)	array
14．当月反向无功电量	(dyn.)	array
15．正向有功电能示值	(dyn.)	array
16．正向无功电能示值	(dyn.)	array
17．反向有功电能示值	(dyn.)	array
18．反向无功电能示值	(dyn.)	array
19．换算及单位	(static)	structure
方法		必选/可选
1．复位		可选
2．执行		可选
3．添加脉冲输入单元		必选
4．删除脉冲输入单元		必选

脉冲计量接口类的属性描述如表 7-36 所示。

表 7-36 脉冲计量接口类属性描述

编号	属性	说明
1	逻辑名	标记接口类对象实例
2	通信地址∷=TSA	—

3	互感器倍率∷=structure
	{
	PT long-unsigned，
	CT long-unsigned
	}
		—

4	脉冲配置∷=array 脉冲单元
	脉冲单元∷=structure
	{
	脉冲输入端口号 OAD，
	脉冲属性 enum
	{
	正向有功(0)，
	正向无功(1)，
	反向有功(2)，
	反向无功(3)
	}，
	脉冲常数 k long-unsigned
	}
		—

5	有功功率∷=double-long	—
6	无功功率∷=double-long	—
7	当日正向有功电量∷=array 电能量	包含总及 n 个费率的电能量，规定其第一个数组

续表

编号	属性	说明
	电能量∷=double-long-unsigned	元素是总电能量，后面依次排列费率 1～*n* 电能量
8	当月正向有功电量∷=array 电能量 电能量∷=double-long-unsigned	同上
9	当日反向有功电量∷=array 电能量 电能量∷=double-long-unsigned	同上
10	当月反向有功电量∷=array 电能量 电能量∷=double-long-unsigned	同上
11	当日正向无功电量∷=array 电能量 电能量∷=double-long-unsigned	同上
12	当月正向无功电量∷=array 电能量 电能量∷=double-long-unsigned	同上
13	当日反向无功电量∷=array 电能量 电能量∷=double-long-unsigned	同上
14	当月反向无功电量∷=array 电能量 电能量∷=double-long-unsigned	同上
15	正向有功电能示值∷=array 电能示值 电能示值∷=double-long-unsigned	同上
16	反向有功电能示值∷=array 电能示值 电能示值∷=double-long-unsigned	同上
17	正向无功电能示值∷=array 电能示值 电能示值∷=double-long-unsigned	同上
18	反向无功电能示值∷=array 电能示值 电能示值∷=double-long-unsigned	同上

19	单位及换算∷=structure
	{
	属性 5 单位及换算　Scaler_Unit，
	属性 6 单位及换算　Scaler_Unit，
	属性 7 单位及换算　Scaler_Unit，
	属性 8 单位及换算　Scaler_Unit，
	属性 9 单位及换算　Scaler_Unit，
	属性 10 单位及换算　Scaler_Unit，
	属性 11 单位及换算　Scaler_Unit，
	属性 12 单位及换算　Scaler_Unit，
	属性 13 单位及换算　Scaler_Unit，
	属性 14 单位及换算　Scaler_Unit，
	属性 15 单位及换算　Scaler_Unit，
	属性 16 单位及换算　Scaler_Unit，
	属性 17 单位及换算　Scaler_Unit，
	属性 18 单位及换算　Scaler_Unit
	}
		Scaler_Unit 见 6.3.3.14
		属性 5 单位换算∷=单位：W，换算：-1
		属性 6 单位换算∷=单位：Var，换算：-1
		属性 7 单位换算∷=单位：kW·h，换算：-4
		属性 8 单位换算∷=单位：kW·h，换算：-4
		属性 9 单位换算∷=单位：kW·h，换算：-4
		属性 10 单位换算∷=单位：kW·h，换算：-4
		属性 11 单位换算∷=单位：kVar·h，换算：-4
		属性 12 单位换算∷=单位：kVar·h，换算：-4
		属性 13 单位换算∷=单位：kVar·h，换算：-4
		属性 14 单位换算∷=单位：kVar·h，换算：-4
		属性 15 单位换算∷=单位：kW·h，换算：-4
		属性 16 单位换算∷=单位：kW·h，换算：-4
		属性 17 单位换算∷=单位：kVar·h，换算：-4
		属性 18 单位换算∷=单位：kVar·h，换算：-4

脉冲计量接口类的方法描述如表 7-37 所示。

表 7-37 脉冲计量接口类方法描述

编号	方法	说明
1	复位(参数) 参数∷=bit-string	通用方法，instance-specific
2	执行(参数) 参数∷=Data	通用方法，instance-specific
3	添加脉冲输入单元(脉冲单元)	—
4	删除脉冲输入单元(脉冲输入端口号)	—

7.3.13 负荷控制对象接口类(class_id=13)

本接口类对象提供与负荷管理有关的控制功能，定义如表 7-38 所示。

表 7-38 负荷控制对象接口类定义

负荷控制对象接口类		0～n
属性		数据类型
1. 逻辑名	(static)	octet-string
2. 控制方案集	(static)	array
3. 控制投入状态	(dyn.)	array
4. 控制输出状态	(dyn.)	array
5. 越限告警状态	(dyn.)	array
方法		必选/可选
1. 复位		可选
2. 执行		可选
3. 添加控制单元		必选
4. 删除控制单元		必选
5. 更新控制单元		必选
6. 控制投入		必选
7. 控制解除		必选

负荷控制对象接口类属性说明如表 7-39 所示。

表 7-39 负荷控制对象接口类属性说明

编号	属性	说明
1	逻辑名	标记接口类对象实例，使用 OI
2	控制方案集∷=array 控制单元 控制单元∷=instance-specific	是“控制单元”的数组 控制单元——其内容及其数据类型依据“逻辑名”决定的对象实例而定义

续表

编号	属性	说明

3	控制投入状态∷=array 一个总加组控制投入状态
	一个总加组控制投入状态∷=structure
	{
	总加组对象 OI，
	投入状态 enum{未投入(0)，投入(1)}
	}
		—

4	控制输出状态∷=array 一个总加组控制输出状态
	一个总加组控制输出状态∷=structure
	{
	总加组对象 OI，
	控制输出状态 bit-string(SIZE(8))
	}
		用于表示 *n* 个总加组的控制输出状态
		控制输出状态：bit0~bit7 对应 1～8 个开关的输出状态(0 为未输出，1 为输出)

5	越限告警状态∷=array 一个总加组告警输出状态
	一个总加组告警输出状态∷=structure
	{
	总加组对象 OI，
	告警输出状态 enum
	{
	未告警(0)，告警(1)
	}
	}
		—

负荷控制对象接口类方法说明如表 7-40 所示。

表 7-40　负荷控制对象接口类方法说明

编号	方法	说明
1	复位(参数) 参数∷=integer(0)	通用方法，instance-specific
2	执行(参数) 参数∷=Data	通用方法，instance-specific
3	添加控制单元(控制单元) 控制单元∷=instance-specific	—
4	删除控制单元(总加组对象) 总加组对象∷=OI	—
5	更新控制单元(控制单元) 控制单元∷=instance-specific	—
6	控制投入(总加组对象) 总加组对象∷=OI	—
7	控制解除(总加组对象) 总加组对象∷=OI	—

7.3.14 区间统计接口类(class_id=14)

本接口类对象提供依据配置参数判定、统计与越限相关的信息，定义如表 7-41 所示。

表 7-41 表区间统计接口类定义

超限统计接口类		0～n
属性		数据类型
1．逻辑名	(static)	octet-string
2．统计结果表	(dyn.)	array
3．关联对象属性表	(static)	array
方法		必选/可选
1．复位		可选
2．执行		可选
3．添加一个统计对象属性		可选
4．删除一个统计对象属性		可选

区间统计接口类属性说明如表 7-42 所示。

表 7-42 区间统计接口类属性说明

编号	属性	说明
1	逻辑名	标记接口类对象实例，使用 OI

2	统计结果表∷=array 一个统计结果
	一个统计结果∷=structure
	{
	对象属性描述符 OAD，
	区间统计值 array 一个统计区间
	}
	一个统计区间∷=structure
	{
	累计时间 instance-specific，
	累计次数 instance-specific
	}
		对应“关联的判断”所规定的 n 个对象属性的 n 组统计结果值

3	关联对象属性表∷=array 一个关联对象属性
	一个关联对象属性∷=structure
	{
	关联对象属性描述符 OAD，
	越限判断参数 array Data，
	统计周期 unsigned，
	统计频率 TI
	}
		用于规定统计结果表所要统计的 n 个对象属性，这些对象属性的数值发生越限将计入“统计结果表”中
		
		统计频率：采样点取值周期

区间统计接口类方法说明如表 7-43 所示。

表 7-43　区间统计接口类方法说明

编号	方法	说明
1	复位(参数) 参数∷=integer(0)	通用方法，instance-specific
2	执行(参数) 参数∷=Data	通用方法，instance-specific

3	添加一个统计对象属性(参数)
	参数∷=structure
	{
	　关联对象属性描述符　OAD，
	　越限判断参数　array Data，
	　统计周期　unsigned，
	　统计频率　TI
	}
		在属性“关联对象属性表”中，增加一个统计对象属性

4	删除一个统计对象属性(参数) 参数∷=OAD　关联对象属性描述符	在属性“关联对象属性表”中，删除一个统计对象属性 参数——关联对象属性描述符

7.3.15　累加平均接口类(class_id=15)

本接口类对象提供对相同物理属性的数值进行累加、平均的运算功能，定义如表 7-44 所示。

表 7-44　累加平均接口类定义

累加平均接口类		0～*n*
属性		数据类型
1．逻辑名	(static)	octet-string
2．运算结果	(dyn.)	structure
3．关联对象属性表	(static)	array
方法		必选/可选
1．复位		可选
2．执行		可选
3．添加一个关联对象属性		可选
4．删除一个关联对象属性		可选

累加平均接口类属性说明如表 7-45 所示。

表 7-45 累加平均接口类属性说明

编号	属性	说明
1	逻辑名	标记接口类对象实例，使用 OI

2	运算结果∷=array structure
	{
	对象属性描述符 OAD，
	累加和 instance-specific，
	平均值 instance-specific
	}
		用于存储对“关联对象属性表”所规定的 *n* 个对象属性的累加、平均运算后的数据结果
		累加和、平均值——其数据类型依据“逻辑名”决定的对象实例而定义

3	关联对象属性表∷=array 一个关联的对象属性
	一个关联对象∷=structure
	{
	关联对象属性描述符 OAD，
	统计周期 unsigned，
	统计频率 TI
	}
		规定要参与计算的 *n* 个对象属性，这些对象属性的数值将参与累加、平均运算，结果存入“运算结果”中

累加平均接口类方法说明如表 7-46 所示。

表 7-46 累加平均接口类方法说明

编号	方法	说明
1	复位(参数) 参数∷=integer(0)	通用方法，instance-specific
2	执行(参数) 参数∷=Data	通用方法，instance-specific

3	添加一个关联对象属性(参数)
	参数∷=structure
	{
	关联对象属性描述符 OAD，
	统计周期 unsigned，
	统计频率 TI
	}
		在属性“关联对象属性表”中，增加一个关联对象属性

4	删除一个关联对象属性(参数) 参数∷=OAD 关联对象属性描述符	在属性“关联对象属性表”中，删除一个关联对象属性 参数——关联对象属性描述符

7.3.16 极值工具接口类(class_id=16)

本接口类对象提供采集或生成最大、最小值及其发生时间，定义如表 7-47 所示。

表 7-47 极值工具接口类定义

极值工具接口类		0～*n*
属性		数据类型
1．逻辑名	(static)	octet-string
2．极值结果表	(dyn.)	array

续表

极值工具接口类		0～n
3．关联对象属性表	(static)	array
方法		必选/可选
1．复位		可选
2．执行		可选
3．添加一个关联对象属性		可选
4．删除一个关联对象属性		可选

极值工具接口类属性说明如表 7-48 所示。

表 7-48　极值工具接口类属性说明

编号	属性	说明
1	逻辑名	标记接口类对象实例，使用 OI

2	极值结果表∷=array 一个极值结果
	一个极值结果∷=structure
	{
	对象属性描述符　OAD，
	最大值　instance-specific，
	及其发生时间　date_time_s，
	最小值　instance-specific，
	及其发生时间　date_time_s
	}
		用于存储对应“关联对象属性表”所规定的 n 个对象属性的极值结果(记录)
		极值及其发生时间——其数据类型依据“逻辑名”决定的对象实例而定义

3	关联对象属性表∷=array 一个关联的对象属性
	一个关联对象∷=structure
	{
	关联对象属性描述符　OAD，
	统计周期　unsigned，
	统计频率　TI
	}
		用于规定要被采集或生成极值的 n 个对象属性，这些对象属性的数值的最大值和最小值及其发生时间将被保存在“极值结果表”中

极值工具接口类方法说明如表 7-49 所示。

表 7-49　极值工具接口类方法说明

编号	方法	说明
1	复位(参数) 参数∷=integer(0)	通用方法，instance-specific
2	执行(参数) 参数∷=Data	通用方法，instance-specific
3	添加一个关联对象属性(参数) 参数∷=structure { 关联对象属性描述符　OAD，	在属性“关联对象属性表”中，增加一个关联对象属性

续表

编号	方法	说明
	统计周期 unsigned， 统计频率 TI }	
4	删除一个关联对象属性(参数) 参数∷=OAD 关联对象属性描述符	在属性“关联对象属性表”中，删除一个关联对象属性 参数——关联对象属性描述符

7.3.17 显示接口类(class_id=17)

本接口类对象提供与终端显示或对外打印相关的信息，定义如表 7-50 所示。

表 7-50 显示接口类定义

显示接口类		0～n
属性		数据类型
1．逻辑名	(static)	octet-string
2．显示对象列表	(static)	array
3．显示时间	(static)	double-long-unsigned
4．显示参数	(static)	structure
方法		必选/可选
1．复位		可选
2．执行		可选
3．下翻		可选
4．上翻		可选
5．显示查看		可选
6．全显		可选

显示接口类属性说明如表 7-51 所示。

表 7-51 显示接口类属性说明

编号	属性	说明
1	逻辑名	标记接口类对象实例，使用 OI

2	显示对象列表∷=array 显示对象描述符
	显示对象描述符∷=structure
	{
	显示对象 CSD，
	屏序号 unsigned
	}
		用于表明显示的对象属性，这些对象属性的数据依次被循环显示屏序号：0 表示不需要分屏；其他为分屏显示，其中 1 表示分屏第一屏，2 表示分屏第二屏，以此类推

3	每个对象显示时间： long-unsigned	每个对象显示时间的单位为 s，0 表示由外部触发

续表

编号	属性	说明

4	显示参数∷=structure
	{
	当前总对象数　unsigned，
	允许最大对象数　unsigned
	}
		用于表明显示的相关参数
		当前总对象数：指示当前显示的总对象数
		允许最大对象数：可设置的最大显示数

显示接口类方法说明如表 7-52 所示。

表 7-52　显示接口类方法说明

编号	方法	说明
1	复位(参数) 参数∷=integer(0)	通用方法，instance-specific
2	执行(参数) 参数∷=Data	通用方法，instance-specific
3	下翻(参数) 参数∷=NULL	显示下一个对象信息
4	上翻(参数) 参数∷=NULL	显示上一个对象信息

5	显示查看(参数)
	参数∷=structure
	{
	显示列信息　CSD，
	显示持续时间　long-unsigned
	}
		显示查看的参数可以为所有可显示的对象
		显示持续时间：单位：s

6	全显(参数) 参数∷=long-unsigned	参数为全显持续时间，单位：s

7.3.18　文件传输接口类(class_id=18)

本接口类对象提供终端实现上传和下载文件的功能，定义如表 7-53 所示。

表 7-53　文件传输接口类定义

文件传输接口类		0～n
属性		数据类型
1．逻辑名	(static)	octet-string
2．文件信息	(dyn.)	structure
3．命令结果	(dyn.)	enum
方法		必选/可选
1．复位		可选
2．执行		可选

续表

文件传输接口类	0～*n*
3. 删除	可选
4. 校验	可选
5. 代发	可选
6. 代收	可选
7. 上传	可选
8. 下载	可选

文件传输接口类属性说明如表 7-54 所示。

表 7-54 文件传输接口类属性说明

编号	属性	说明
1	逻辑名	标记接口类对象实例，使用 OI

2	文件信息∷=structure
	{
	源文件 visible-string，
	目标文件 visible-string，
	文件大小 double-long-unsigned，
	文件属性 bit-string(SIZE(3))，
	文件版本 visible-string
	}
		源文件：文件路径及名称
		目标文件：文件路径及名称
		文件路径及名称格式："[/路径/]文件名"，如果设备不支持文件管理，可设置为空串
		文件大小：单位字节
		文件属性如下：
		bit0 代表读(1 为可读，0 为不可读)；
		bit1 代表写(1 为可写，0 为不可写)；
		bit2 代表执行(1 为可执行，0 为不可执行)
		文件版本：文件的版本信息

3	命令结果∷=enum
	{
	文件传输进度 0~99% (0~99)，
	传输或执行操作成功 (100)，
	正在建立连接(扩展传输) (101)，
	正在远程登录(扩展传输) (102)，
	正在执行文件 (103)，
	文件或目录不存在 (104)，
	操作不允许(创建/删除/读写/执行) (105)，
	文件传输中断 (106)，
	文件校验失败 (107)，
	文件转发失败 (108)，
	文件代收失败 (109)，
	建立连接失败(扩展传输) (110)，
	远程登录失败(扩展传输) (111)，
	存储空间不足 (112)，
	复位后默认值 (255)
	}
		最近一次传输或执行结果的状态信息

文件传输接口类方法说明如表 7-55 所示。

表 7-55 文件传输接口类方法说明

编号	方法	说明
1	复位(参数) 参数∷=integer(0)	强迫对象复位，将属性“数值”置为缺省值，缺省值是实例的常数
2	执行(参数) 参数∷=Data	通用方法：instance-specific 默认方法执行下载文件，如果文件有执行权限则执行，否则拒绝
3	删除(参数) 参数∷=null	删除本地文件，如果文件存在则删除，并复位传输状态字和当前文件指针，否则拒绝

4	校验(参数)
	参数∷=structure
	{
	校验类型 enum
	{
	CRC 校验(默认) (0)，
	md5 校验 (1)，
	SHA1 校验 (2)，
	其他 (255)
	}，
	校验值 octet-string
	}
		下载或上传文件校验，主站侧生成文件校验值并下发校验文件操作，设备对下载或上传的文件进行校验，并反馈在“命令结果”中

5	代发(参数) 参数∷=TSA	文件下载到本地端后，再根据目标地址进行文件代发
6	代收(参数) 参数∷=TSA	根据目标地址进行文件代收后，再上传文件到远程端
7	上传(参数) 参数∷=Data	通用方法，instance-specific 上传：客户机向服务器上传文件，目标文件不存在则创建
8	下载(参数) 参数∷=Data	通用方法，instance-specific 下载：客户机从服务器下载文件，源文件不存在则返回错误，目标文件不存在则创建

7.3.19 设备管理接口类(class_id=19)

设备管理接口类定义如表 7-56 所示。

表 7-56 设备管理接口类定义

设备管理接口类		0～n
属性		数据类型
1. 逻辑名	(static)	octet-string
2. 设备描述符	(static)	visible-string
3. 版本信息	(static)	structure
4. 生产日期	(static)	date_time_s
5. 子设备列表	(static)	array

续表

设备管理接口类		0～n
6. 支持规约列表	(static)	array
7. 允许跟随上报	(static)	bool
8. 允许主动上报	(static)	bool
9. 允许与主站通话	(static)	bool
10. 上报通道	(static)	array
方法		必选/可选
1. 复位		必选
2. 执行		可选
3. 数据初始化		必选
4. 恢复出厂参数		必选
5. 事件初始化		必选
6. 需量初始化		可选

设备管理接口类属性说明如表 7-57 所示。

表 7-57 设备管理接口类属性说明

编号	属性	说明
1	逻辑名	标记接口类对象实例，使用 OI
2	设备描述符	visible-string

3	版本信息	版本信息∷=structure
		{
		厂商代码 visible-string(SIZE (4)),
		软件版本号 visible-string(SIZE (4)),
		软件版本日期 visible-string(SIZE (6)),
		硬件版本号 visible-string(SIZE (4)),
		硬件版本日期 visible-string(SIZE (6)),
		厂家扩展信息 visible-string(SIZE (8))
		}

4	生产日期	设备的出厂日期，数据格式 date_time_s
5	子设备列表	array OI，包含设备自身的子模块信息
6	支持规约列表	设备支持的规约列表，数据格式 array visible-string
7	允许跟随上报	True：允许跟随上报，False：禁止跟随上报
8	允许主动上报	True：允许主动上报，False：禁止主动上报
9	允许与主站通话	True：允许通话，False：禁止通话
10	上报通道	array OAD

设备管理接口类方法说明如表 7-58 所示。

表 7-58　设备管理接口类方法说明

编号	方法	说明
1	复位(参数) 参数∷=NULL	设备复位重启，参数为 NULL
2	执行(参数) 参数∷=Data	通用方法，instance-specific
3	数据初始化	清空设备数据区
4	恢复出厂参数	将设备的配置恢复到出厂设置，参数 NULL
5	事件初始化	清空所有事件存储区
6	需量初始化	当前需量对象清零

7.3.20　应用连接接口类(class_id=20)

应用连接接口类如表 7-59 所示。

表 7-59　应用连接接口类定义

应用连接接口类		0～*n*
属性		数据类型
1．逻辑名	(static)	octet-string
2．对象列表	(static)	array
3．应用语境信息	(static)	structure
4．当前连接的客户机地址	(dyn.)	unsigned
5．身份验证机制	(static)	enum
方法		必选/可选
1．复位		可选
2．执行		可选

应用连接接口类属性说明如表 7-60 所示。

表 7-60　应用连接接口类属性说明

编号	属性	说明
1	逻辑名	标记接口类对象实例，使用 OI

2	对象列表∷=array 一个可访问对象
	一个可访问对象∷=structure
	{
	对象标识　OI，
	访问权限　structure
	}
	访问权限∷=structure
	{
		包含对象所有可访问对象以及该对象属性和方法的访问权限

续表

编号	属性	说明

	属性访问权限 array 一个属性访问权限，
	方法访问权限 array 一个方法访问权限
	}
	一个属性访问权限∷=structure
	{
	属性 ID unsigned，
	属性访问权限类别 enum
	{
	不可访问(0)，
	只读(1)，
	只写(2)，
	可读写(3)
	}
	}
	一个方法访问权限∷=structure
	{
	方法 ID unsigned，
	方法访问权限 bool
	}	

3	应用语境信息∷=structure
	{
	协议版本信息 long-unsigned，
	最大接收 APDU 尺寸 long-unsigned，
	最大发送 APDU 尺寸 long-unsigned，
	最大可处理 APDU 尺寸 long-unsigned，
	协议一致性块 bit-string(64)，
	功能一致性块 bit-string(128)，
	静态超时时间 double-long-unsigned
	}
		—

4	当前连接的客户机地址∷=unsigned	—

5	连接认证机制∷=enum
	{
	公共连接 (0)，
	普通密码 (1)，
	对称加密 (2)，
	数字签名 (3)
	}	

应用连接接口类方法说明如表 7-61 所示。

表 7-61 应用连接接口类方法说明

编号	方法	说明
1	复位(参数) 参数∷=integer(0)	通用方法，instance-specific
2	执行(参数) 参数∷=Data	通用方法，instance-specific

7.3.21　ESAM 接口类(class_id=21)

ESAM 接口类定义如表 7-62 所示。

表 7-62　ESAM 接口类定义

ESAM 接口类		0～n
属性		数据类型
1．逻辑名	(static)	octet-string
2．ESAM 序列号	(static)	octet-string
3．ESAM 版本号	(static)	octet-string
4．对称密钥版本	(static)	octet-string
5．会话时效门限	(static)	double-long-unsigned
6．会话时效剩余时间	(dyn.)	double-long-unsigned
7．当前计数器	(static)	structure
8．证书版本	(static)	structure
9．终端证书序列号	(static)	octet-string
10．终端证书	(static)	octet-string
11．主站证书序列号	(static)	octet-string
12. 主站证书	(static)	octet-string
13. ESAM 安全存储对象列表	(static)	array
方法		必选/可选
1．复位		可选
2．执行		可选
3．ESAM 数据读取		可选
4. 数据更新		可选
5. 协商失效		可选
6. 钱包操作(开户、充值、退费)		可选
7. 密钥更新		可选
8．证书更新		可选
9．设置协商时效		可选
10. 钱包初始化		可选

ESAM 接口类属性说明如表 7-63 所示。

表 7-63 ESAM 接口类属性说明

编号	属性	说明
1	逻辑名	标记接口类对象实例，使用 OI
2	ESAM 序列号	ESAM 唯一的标识，是一串数字
3	ESAM 版本号	ESAM 的版本号
4	对称密钥版本	ESAM 中对称密钥的版本号
5	会话时效门限	double-long-unsigned，单位：min
6	会话时效剩余时间	double-long-unsigned，单位：min

7	当前计数器	structure
		{
		单地址应用协商计数器 double-long-unsigned，
		主动上报计数器 double-long-unsigned，
		应用广播通信序列号 double-long-unsigned
		}

8	证书版本	structure
		{
		终端证书版本 octet-string，
		主站证书版本 octet-string
		}

9	终端证书序列号	octet-string
10	终端证书	octet-string
11	主站证书序列号	octet-string
12	主站证书	主站带 MAC 下发，同主站证书一起下发（后 4 个字节为 MAC）
13	ESAM 安全存储对象列表	需要存储到 ESAM 中的对象 ESAM 安全存储对象列表∷=array OAD

ESAM 接口类方法说明如表 7-64 所示。

表 7-64 ESAM 接口类方法说明

编号	方法	说明
1	复位（参数） 参数∷=integer（0）	通用方法，instance-specific
2	执行（参数） 参数∷=Data	通用方法，instance-specific
3	ESAM 操作（参数） 参数∷=SID 应答∷=octet-string	对 ESAM 数据的操作，电能表透传给 ESAM

4	数据更新（参数）
	参数∷=structure
	{
	参数内容 octet-string，
	数据验证码 SID_MAC
	}
		数据、数据 MAC 先发给 ESAM 验证，验证成功后，再设置到终端、电能表中
		参数内容格式定义:4 字节 OAD+ 1 字节内容 LEN + 内容（见 ESAM 文件结构）

续表

编号	方法	说明
5	协商失效(参数) 参数∷=NULL 应答∷=当前日期时间　date_time_s	—

6	钱包操作(参数)
	参数∷=structure
	{
	操作类型　integer,
	购电金额　double-long-unsigned,
	购电次数　double-long-unsigned,
	户号　octet-string,
	数据验证码 SID_MAC,
	表号　octet-string
	}
		操作类型：0 为开户、1 为充值、2 为退费
		开户时，不需要验证客户编号，直接将客户编号写到 ESAM 的对应文件中；再进行充值操作

7	密钥更新(参数)
	参数∷=structure
	{
	密钥密文　octet-string,
	数据验证码 SID_MAC
	}
		—

8	证书更新(参数)
	参数∷=structure
	{
	证书内容　octet-string,
	安全标识　SID
	}
		—

9	设置协商时效(参数)
	参数∷=structure
	{
	参数内容　octet-string,
	安全标识　SID
	}
		—

10	钱包初始化(参数)
	参数∷=structure
	{
	预置金额　double-long-unsigned,
	数据验证码 SID_MAC
	}
		—

7.3.22　输入输出设备接口类(class_id=22)

输入输出设备接口类定义如表 7-65 所示。

表 7-65　输入输出设备接口类定义

输入输出设备接口类		0～*n*
属性		数据类型
1. 逻辑名	(static)	octet-string
2. 设备对象列表	(static)	array

续表

输入输出设备接口类		0～n
3. 设备对象数量	(static)	unsigned
4. 配置参数	(static)	instance-specific
方法		必选/可选
1. 复位		可选
2. 执行		可选

输入输出设备接口类的属性描述如表 7-66 所示。

表 7-66 输入输出设备接口类属性描述

编号	属性	说明
1	逻辑名	标记接口类对象实例
2	设备对象列表	输入输出设备对象列表，具体内容由对象实例决定
3	设备对象数量	当前设备对象数量
4	配置参数	具体内容由对象实例决定

输入输出设备接口类的方法描述如表 7-67 所示。

表 7-67 输入输出设备接口类方法描述

编号	方法	说明
1	复位(参数) 参数::=bit-string	通用方法，instance-specific
2	执行(参数) 参数::=Data	通用方法，instance-specific

7.3.23 总加组接口类(class_id=23)

总加组接口类定义如表 7-68 所示。

表 7-68 总加组接口类定义

总加组接口类		0～n
属性		数据类型
1. 逻辑名	(static)	octet-string
2. 总加配置表	(static)	array
3. 总加有功功率	(dyn.)	long64
4. 总加无功功率	(dyn.)	long64

续表

总加组接口类		0～n
5．总加滑差时间内平均有功功率	(dyn.)	long64
6．总加滑差时间内平均无功功率	(dyn.)	long64
7．总加日有功电量	(dyn.)	array
8．总加日无功电量	(dyn.)	array
9．总加月有功电量	(dyn.)	array
10．总加月无功电量	(dyn.)	array
11．总加剩余电量(费)	(dyn.)	long64
12．当前功率下浮控控后总加有功功率冻结值	(dyn.)	long64
13．总加组滑差时间周期	(static)	unsigned
14．总加组功控轮次配置	(dyn.)	bit-string
15．总加组电控轮次配置	(dyn.)	bit-string
16．总加组控制设置状态	(dyn.)	structure
17．总加组当前控制状态	(dyn.)	structure
18. 换算及单位	(static)	structure
方法		必选/可选
1．清空总加配置单元		必选
2．执行		可选
3. 添加一个总加配置单元		可选
4. 批量添加总加配置单元		可选
5. 删除一个总加配置单元		可选

总加组接口类的属性描述如表 7-69 所示。

表 7-69　总加组接口类属性说明

编号	属性	说明
1	逻辑名	标记接口类对象实例，使用 OI

2	总加配置表	总加配置表∷=array 总加组配置单元
		总加配置单元∷=structure
		{
		参与总加的分路通信地址　TSA，
		总加标志　enum{正向(0)，反向(1)}，
		运算符标志　enum{加(0)，减(1)}
		}

3	总加有功功率∷=long64	—
4	总加无功功率∷=long64	—
5	总加滑差时间内平均有功功率∷=long64	—

续表

编号	属性	说明
6	总加滑差时间内平均无功功率∷=long64	—
7	总加日有功电量∷=array 电能量 电能量∷=long64	包含总及 *n* 个费率的电能量，规定其第一个数组元素是总电能量，后面依次排列费率 1～*n* 电能量
8	总加日无功电量∷=array 电能量 电能量∷=long64	包含总及 *n* 个费率的电能量，规定其第一个数组元素是总电能量，后面依次排列费率 1～*n* 电能量
9	总加月有功电量∷=array 电能量 电能量∷=long64	包含总及 *n* 个费率的电能量，规定其第一个数组元素是总电能量，后面依次排列费率 1～*n* 电能量
10	总加月无功电量∷=array 电能量 电能量∷=long64	包含总及 *n* 个费率的电能量，规定其第一个数组元素是总电能量，后面依次排列费率 1～*n* 电能量
11	总加剩余电量(费)∷=long64	—
12	当前功率下浮控控后总加有功功率冻结值∷=long64	—
13	总加组滑差时间周期	unsigned(单位：min)
14	总加组功控轮次配置	功控轮次标识位∷=bit-string(SIZE(8)) 功控轮次标识位：bit0～bit7 按顺序对位表示第 1～8 轮次开关的受控设置，置“1”表示该轮次开关受控，置“0”表示不受控
15	总加组电控轮次配置	功控轮次标识位∷=bit-string(SIZE(8)) 功控轮次标识位：bit0～bit7 按顺序对位表示第 1～8 轮次开关的受控设置，置“1”表示该轮次开关受控，置“0”表示不受控

16	总加组控制设置状态	总加组控制设置状态∷=structure
		{
		时段控定值方案号 unsigned，
		功控时段有效标志位 bit-string(SIZE(8))，
		功控状态 PCState，
		电控状态 ECState，
		功控轮次状态 TrunState，
		电控轮次状态 TrunState
		}
		时段控定值方案号：表示所投入的功控定值方案号
		功控时段有效标志位：bit0～bit7 按顺序对位表示 1～8 时段控投入的有效时段，置“1”为有效，置“0”为无效
		PCState∷=bit-string(SIZE(8))
		bit0～bit7 按顺序对位表示；置“1”为投入，置“0”为解除
		bit0：时段控
		bit1：厂休控
		bit2：营业报停控
		bit3：当前功率下浮控
		bit4～bit7：备用
		ECState∷=bit-string(SIZE(8))
		bit0～bit7 按顺序对位表示；置“1”为投入，置“0”为解除
		bit0：月电控
		bit1：购电控
		bit2～bit7：备用
		TrunState∷=bit-string(SIZE(8))
		bit0～bit7 按顺序对位表示 1～8 轮次开关的受控状态；置“1”为受控，置“0”为不受控

续表

编号	属性	说明

17	总加组当前控制状态	当前控制状态∷=structure
		{
		当前功控定值　long64(单位：W 换算：-1)，
		当前功率下浮控浮动系数　integer(单位：%)，
		功控跳闸输出状态　OutputState，
		月电控跳闸输出状态　OutputState，
		购电控跳闸输出状态　OutputState，
		功控越限告警状态　PCAlarmState，
		电控越限告警状态　ECAlarmState
		}
		OutputState∷=bit-string(SIZE(8))
		bit0～bit7 分别表示终端 1～8 轮次跳闸输出状态，置“1”为处于跳闸状态，置“0”为未处于跳闸状态
		PCAlarmState∷=bit-string(SIZE(8))
		按顺序对位表示；置“1”为处于某种功控越限告警状态；置“0”为未处于相应状态
		bit0：时段控
		bit1：厂休控
		bit2：营业报停控
		bit3：当前功率下浮控
		bit4～bit7：备用
		ECAlarmState∷=bit-string(SIZE(8))
		置“1”：处于某种电控越限告警状态；置“0”：未处于相应状态
		bit0：月电控
		bit1：购电控
		bit2～bit7：备用

18	换算及单位∷=structure
	{
	属性 3 单位换算　Scaler_Unit，
	属性 4 单位换算　Scaler_Unit，
	属性 5 单位换算　Scaler_Unit，
	属性 6 单位换算　Scaler_Unit，
	属性 7 单位换算　Scaler_Unit，
	属性 8 单位换算　Scaler_Unit，
	属性 9 单位换算　Scaler_Unit，
	属性 10 单位换算　Scaler_Unit，
	属性 11 单位换算　Scaler_Unit，
	属性 12 单位换算　Scaler_Unit
	}
		Scaler_Unit 见 6.3.3.14
		
		属性 3 单位换算∷=单位：W，换算：-1
		属性 4 单位换算∷=单位：Var，换算：-1
		属性 5 单位换算∷=单位：W，换算：-1
		属性 6 单位换算∷=单位：Var，换算：-1
		属性 7 单位换算∷=单位：kW·h，换算：-4
		属性 8 单位换算∷=单位：kVar·h，换算：-4
		属性 9 单位换算∷=单位：kW·h，换算：-4
		属性 10 单位换算∷=单位：kVar·h，换算：-4
		属性 11 单位换算∷=单位：kW·h/元，换算：-4
		属性 12 单位换算∷=单位：W，换算：-1

总加组接口类的方法描述如表 7-70 所示。

表 7-70　总加组接口类方法说明

编号	方法	说明
1	清空总加配置表(参数) 参数∷=NULL	清空总加配置表
2	执行(参数) 参数∷=Data	通用方法，instance-specific

续表

编号	方法	说明
3	添加一个总加配置单元(参数) 参数∷=总加配置单元	在总加配置表中添加一个总加配置单元
4	批量添加总加配置单元(参数) 参数∷=array 总加配置单元	在总加配置表中添加若干个总加配置单元
5	删除一个总加配置单元(参数) 参数∷=参与总加的分路通信地址 TSA	删除总加配置表中的一个总加配置单元

7.4 对象标识

7.4.1 对象标识格式定义

对象标识(OI)由 2 个字节组成，采用分类编码的方式为系统的各个对象提供标识码，其格式定义如图 7-1 所示。对象标识的编码用十六进制数表示。凡未定义的对象标识编码皆作为保留。

图 7-1 对象标识(OI)格式定义

7.4.2 电能量类对象标识

电能量类对象的标识定义如表 7-71 所示。

表 7-71 电能量类对象标识定义

对象标识(OI)			
OIA1	OIA2	OIB1	OIB2
0H：电能量	0H：总 1H：基波 2H：谐波	0H：组合有功 1H：正向有功 2H：反向有功 3H：组合无功 1 4H：组合无功 2 5H：第一象限 6H：第二象限 7H：第三象限 8H：第四象限 9H：正向视在 AH：反向视在	0H：合相 1H：A 相 2H：B 相 3H：C 相
	3H：铜损 4H：铁损 5H：关联	0H：总有功	

7.4.3　最大需量类对象标识

最大需量类对象的标识定义如表 7-72 所示。

表 7-72　最大需量类对象标识定义

对象标识(OI)			
OIA1	OIA2	OIB1	OIB2
1H：需量	0H：当前 1H：冻结周期内	0H：组合有功 1H：正向有功 2H：反向有功 3H：组合无功 1 4H：组合无功 2 5H：第一象限 6H：第二象限 7H：第三象限 8H：第四象限 9H：正向视在 AH：反向视在	0H：合相 1H：A 相 2H：B 相 3H：C 相

7.4.4　变量类对象标识

变量类对象的标识定义如表 7-73 所示。

表 7-73　变量类对象标识定义

对象标识(OI)			
OIA1	OIA2	OIB1	OIB2
2H：变量	0H：计量	00H：电压 01H：电流 02H：电压相角 03H：电压电流相角 04H：有功功率 05H：无功功率 06H：视在功率 07H：一分钟平均有功功率 08H：一分钟平均无功功率 09H：一分钟平均视在功率 0AH：功率因数 0BH：电压波形失真度 0CH：电流波形失真度 0DH：电压谐波含有量(总及 2～n 次) 0EH：电流谐波含有量(总及 2～n 次) 0FH：电网频率 10H：表内温度 11H：时钟电池电压 12H：停电抄表电池电压 13H：时钟电池工作时间 14H：电能表运行状态字 15H：对称密钥状态字	

续表

对象标识(OI)			
OIA1	OIA2	OIB1	OIB2
		16H：终端证书状态字	
		17H：当前有功需量	
		18H：当前无功需量	
		19H：当前视在需量	
		1AH：当前电价	
		1BH：当前费率电价	
		1CH：当前阶梯电价	
		1DH：安全认证剩余时长	
		1EH：事件发生时间	
		20H：事件结束时间	
		21H：数据冻结时间	
		22H：事件记录序号	
		23H：冻结记录序号	
		24H：事件发生源	
		25H：事件当前值	
		26H：电压不平衡率	
		27H：电流不平衡率	
		28H：负载率	
		29H：安时值	
		2CH：(当前)钱包文件	
		2DH：(当前)透支金额	
		2EH：累计购电金额	
		2FH：电能表主动上报	
		31H：月度用电量	
		32H：阶梯结算用电量	
2H：变量		40H：控制命令执行状态字	
		41H：控制命令错误状态字	
		E0H：电压原始 AD 数值(1～n次)	
		E1H：电流原始 AD 数值(1～n次)	
		00H：分钟区间统计	
		01H：小时区间统计	
		02H：日区间统计	
		03H：月区间统计	
		04H：年区间统计	
		10H：分钟平均	
		11H：小时平均	
		12H：日平均	
		13H：月平均	
		14H：年平均	
	1H：统计	20H：分钟极值	
		21H：小时极值	
		22H：日极值	
		23H：月极值	
		24H：年极值	
		30H：总电压合格率	
		31H：A 相电压合格率	
		32H：B 相电压合格率	
		33H：C 相电压合格率	
		40H：日最大有功功率及发生时间	
		41H：月最大有功功率及发生时间	
	2H：采集	00H：通信流量	

续表

对象标识(OI)			
OIA1	OIA2	OIB1	OIB2
2H：变量		03H：供电时间 04H：复位次数	
	3H：总加组	01H：总加组 1 02H：总加组 2 03H：总加组 3 04H：总加组 4 05H：总加组 5 06H：总加组 6 07H：总加组 7 08H：总加组 8	
	4H：脉冲计量	01H：脉冲计量点 1 02H：脉冲计量点 2 03H：脉冲计量点 3 04H：脉冲计量点 4 05H：脉冲计量点 5 06H：脉冲计量点 6 07H：脉冲计量点 7 08H：脉冲计量点 8	
	5H：水气热	00H：累计水(热)流量 01H：累计气流量 02H：累计热量 03H：热功率 04H：累计工作时间 05H：水温 06H：(仪表)状态 ST	

7.4.5　事件类对象标识

事件类对象的标识定义如表 7-74 所示。

表 7-74　事件类对象标识定义

对象标识(OI)			
OIA1	OIA2	OIB1	OIB2
3H：事件	0H：电能表	00H：失压 01H：欠压 02H：过压 03H：断相 04H：失流 05H：过流 06H：断流 07H：潮流反向 08H：过载 09H：正向有功需量超限 0AH：反向有功需量超限 0BH：无功需量超限 0CH：功率因数超下限	

续表

对象标识(OI)			
OIA1	OIA2	OIB1	OIB2
3H：事件		0DH：全失压 0EH：辅助电源掉电 0FH：电压逆相序 10H：电流逆相序 11H：掉电 12H：编程 13H：清零 14H：需量清零 15H：事件清零 16H：校时 17H：时段表编程 18H：时区表编程 19H：周休日编程 1AH：结算日编程 1BH：开盖 1CH：开端钮盒 1DH：电压不平衡 1EH：电流不平衡 1FH：跳闸 20H：合闸 21H：节假日编程 22H：有功组合方式编程 23H：无功组合方式编程 24H：费率参数表编程 25H：阶梯表编程 26H：密钥更新 27H：异常插卡 28H：购电记录 29H：退费记录 2AH：恒定磁场干扰记录 2BH：负荷开关误动作 2CH：电源异常 2DH：电流严重不平衡 2EH：时钟故障 2FH：计量芯片故障 F0H：录波事件	
	1H：采集	00H：终端初始化 01H：终端版本变更 04H：状态量变位 05H：电能表时钟超差 06H：终端停/上电 07H：直流模拟量越上限 08H：直流模拟量越下限 09H：消息认证错误 0AH：终端故障记录 0BH：电能表示度下降 0CH：电能量超差 0DH：电能表飞走 0EH：电能表停走 0FH：抄表失败 10H：月通信流量超限 11H：发现未知电能表	

续表

对象标识(OI)			
OIA1	OIA2	OIB1	OIB2
3H：事件		12H：跨台区电能表事件 14H：终端对时事件 15H：遥控跳闸记录 16H：有功总电能量差动越限事件记录 17H：输出回路开关接入状态变位记录 18H：终端编程记录 19H：终端电流回路异常事件 1AH：电能表在网状态切换事件 1BH：终端对电能表校时记录	
	2H：总加组	00H：功控跳闸记录 01H：电控跳闸记录 02H：购电参数设置记录 03H：电控告警事件记录	
	3H：通用	00H：通道上报状态 01H：标准事件记录单元 02H：编程记录事件单元 03H：发现未知电能表事件单元 04H：跨台区电能表事件单元 05H：功控跳闸记录单元 06H：电控跳闸记录单元 07H：电控告警事件单元 08H：电能表需量超限事件单元 09H：停上电事件单元 0AH：遥控事件记录单元 0BH：有功总电能量差动越限事件记录单元 0BH：事件清零事件记录单元	

7.4.6　参变量类对象标识

参变量类对象的标识定义如表 7-75 所示。

表 7-75　参变量类对象标识定义

对象标识(OI)			
OIA1	OIA2	OIB1	OIB2
4H：参变量	0H：通用	00H：日期时间 01H：通信地址 02H：表号 03H：客户编号 04H：设备地理位置 05H：组地址 06H：时钟源 07H：LCD 参数 08H：两套时区表切换时间 09H：两套日时段表切换时间 0AH：两套分时费率切换时间 0BH：两套阶梯电价切换时间 0CH：时区时段数	

续表

对象标识(OI)			
OIA1	OIA2	OIB1	OIB2
4H：参变量		0DH：阶梯数 0EH：谐波分析次数 0FH：密钥总条数 10H：计量元件数 11H：公共假日 12H：周休日特征字 13H：周休日采用的日时段表号 14H：当前套时区表 15H：备用套时区表 16H：当前套日时段表 17H：备用套日时段表 18H：当前套费率电价 19H：备用套费率电价 1AH：当前套阶梯电价 1BH：备用套阶梯电价 1CH：电流互感器变比 1DH：电压互感器变比 1EH：报警金额限值 1FH：其他金额限值 20H：报警电量限值 21H：其他电量限值 22H：插卡状态字 23H：认证有效时长 24H：剔除 30H：电压合格率参数	
	1：计量	00H：最大需量周期 01H：滑差时间 02H：校表脉冲宽度 03H：资产管理编码 04H：额定电压 05H：额定电流/基本电流 06H：最大电流 07H：有功准确度等级 08H：无功准确度等级 09H：电能表有功常数 0AH：电能表无功常数 0BH：电能表型号 0CH：ABC 各相电导系数 0DH：ABC 各相电抗系数 0EH：ABC 各相电阻系数 0FH：ABC 各相电纳系数 10H：电能表运行特征字 1 11H：软件备案号 12H：有功组合方式特征字 13H：无功组合方式 1 特征字 14H：无功组合方式 2 特征字 15H：IC 卡 16H：结算日 17H：期间需量冻结周期	
	2H：采集	00H：路由表 01H：路由信息单元	

续表

对象标识(OI)			
OIA1	OIA2	OIB1	OIB2
		02H：级联通信数据 04H：终端广播校时时间	
	3H：设备	00H：电气设备 07H：水表 08H：气表 09H：热表	
	4H：应用连接	00H：应用连接 01H：应用连接认证密码	
4H：参变量	5H：远程通信模块	00H：公网远程通信模块 1 01H：公网远程通信模块 2 10H：以太网通信模块 1 11H：以太网通信模块 2 12H：以太网通信模块 3 13H：以太网通信模块 4 14H：以太网通信模块 5 15H：以太网通信模块 6 16H：以太网通信模块 7	

7.4.7　冻结类对象标识

冻结类对象的标识定义如表 7-76 所示。

表 7-76　冻结类对象标识定义

对象标识(OI)			
OIA1	OIA2	OIB1	OIB2
5H：冻结	0H：通用	00H：瞬时冻结 01H：秒冻结 02H：分钟冻结 03H：小时冻结 04H：日冻结 05H：结算日冻结 06H：月冻结 07H：年冻结 08H：时区表切换冻结 09H：日时段表切换冻结 0AH：费率电价切换冻结 0BH：阶梯切换冻结 10H：电压合格率月冻结 11H：阶梯结算冻结	

7.4.8 采集监控类对象标识

采集监控类对象的标识定义如表 7-77 所示。

表 7-77 采集监控类对象标识定义

对象标识(OI)			
OIA1	OIA2	OIB1	OIB2
6H：采集监控	0H：终端	00H：采集档案配置表 01H：采集档案配置单元 02H：搜表 03H：一个搜表结果 04H：一个跨台区结果 12H：任务配置表 13H：任务配置单元 14H：普通采集方案集合 15H：普通采集方案 16H：事件采集方案集合 17H：事件采集方案 18H：透明方案集合 19H：透明方案 1AH：透明方案结果集 1BH：一个透明方案结果 1CH：上报方案集合 1DH：上报方案 1EH：采集规则库 1FH：采集规则 32H：采集状态集 33H：一个采集状态 34H：采集任务监控集 35H：采集任务监控单元 40H：采集启动时标 41H：采集成功时标 42H：采集存储时标 51H：实时监控采集方案集 52H：实时监控采集方案	

7.4.9 集合类对象标识

集合类对象的标识定义如表 7-78 所示。

表 7-78 集合类对象标识定义

对象标识(OI)			
OIA1	OIA2	OIB1	OIB2
7H：集合	0H：通用	00H：文件集合 01H：文件 10H：脚本集合 11H：脚本 12H：脚本执行结果集	

续表

对象标识(OI)			
OIA1	OIA2	OIB1	OIB2
		13H：一个脚本执行结果	
	1H：用户扩展	00：变量类集合 01：参变量集合	

7.5　接口类管理

7.5.1　接口类标识划分

接口类标识码取值范围为 1～255，其中：

(1) 1～200 由电力行业电测量标准化技术委员会定义；

(2) 201～220 留作制造商专属接口类；

(3) 221～255 留作用户集团专属接口类。

7.5.2　接口类维护

接口类不接受修订以及版本的替代，对现有接口类做任何修改之后，都必须创建一个新的接口类，旧的接口类将不再使用但并不撤销，仅保持对旧版本的兼容。

7.5.3　创建接口类

每创建一个新接口类，都应进行存档。

7.5.4　撤销接口类

除应用连接对象外，任何其他接口类的对象并非都是必需的。因此，即使是未使用的接口类也不应从标准中撤销，应保留它们以确保与已有的可能实现相兼容。

主要参考文献

[1] 朱中文, 周韶园. 智能电能表的概念、标准化和检测方法初探[J]. 电测与仪表, 2011, 48(6):48-53.

[2] 张小龙. 基于GPRS 的智能电能表远程抄表系统设计[D]. 成都:西华大学, 2012.

[3] 袁金灿, 马进, 王思彤, 等. 智能电能表可靠性预计技术[J]. 电力自动化设备, 2013, 33(7):161-166.

[4] 商曦文, 吉莹, 张建寰. 智能电能表运行状态评估技术研究综述[J]. 电测与仪表, 2020, 57(3):134-141.

[5] 曹敏, 黄玫, 王媛. 智能电能表的发展与难点问题探讨[J]. 陕西电力, 2010, 38(12):88-90.

[6] 李珏煊. 单相智能电能表故障模式及影响分析[D]. 北京:华北电力大学, 2012.

[7] 朱自伟, 冯兴乐, 徐锦涛, 等. 智能电能表可靠性研究与分析[J]. 自动化与仪器仪表, 2019(4):99-102.

[8] 叶利, 夏水斌, 申莉. 智能电能表通信协议及功能一致性检测方法的设计[J]. 电测与仪表, 2010, 47(S1):19-21, 25.

[9] 侯兴哲, 刘型志, 郑可, 等. 泛在电力物联网环境下新一代智能电能表技术展望[J]. 电测与仪表, 2020, 57(9):128-131.

[10] 王锐, 杨帆, 袁静, 等. 基于威布尔分布和极大似然法的智能电能表寿命预测方法研究[J]. 计量学报, 2019, 40(S1):125-129.

[11] 王婧. 伪随机动态测试信号建模与智能电能表动态误差测试方法[D]. 北京: 北京化工大学, 2020.

[12] 陈红芳. 智能电能表自动测试方法研究[D]. 北京: 华北电力大学, 2013.

[13] 贾晓璐. 智能电能表动态误差测试激励信号模型的建立及应用研究[D]. 北京: 北京化工大学, 2015.

[14] 唐菁. 基于传感网络的智能电能表现场服务终端设计与实现[D]. 成都: 电子科技大学, 2013.

[15] 张健搏. 智能电能表配送优化及平台系统设计研究[D]. 北京: 华北电力大学, 2019.

[16] 陈红芳. 智能电能表自动测试方法研究[D]. 北京: 华北电力大学, 2013.

[17] 许剑冰. 智能电能表管理系统的研究与设计[D]. 北京: 华北电力大学, 2015.

[18] 代朝飞. 单相远程费控智能电能表设计[D]. 杭州: 浙江工业大学, 2011.

[19] 王伟, 杨晓燕. 防窃电智能电能表的可靠性分析与实现[C]//山东省优秀计量学术论文选编（2011 年度）, 2012:50-53.

[20] 龚雷，叶玉峰，付维柱. 展望智能电能表的应用前景[C]//2011 年安徽省智能电网技术论坛论文集, 2011:24-27.

[21] 高犁，吴维德. 智能电能表与用电信息采集系统运行维护[M]. 北京: 中国电力出版社，2017.

[22] 万忠兵, 覃剑. 智能电能表与用电信息采集系统运行维护(下册) [M]. 北京: 中国电力出版社，2017.

[23] 彭楚宁，罗冉冉，王晓东. 新一代智能电能表支撑泛在电力物联网技术研究[J]. 电测与仪表，2019, 56(15):137-142.

[24] 郭登峰, 徐正山, 李坤. 物联网技术撑起智能电网[J]. 华北电业, 2010(2):59-63.

[25] 李宝树, 陈万昆. 智能电能表在智能电网中的作用及应用前景[J]. 电气时代, 2010(9):28-30.

[26] 朱宁辉, 白晓民, 高峰. 双向智能电能表功能需求和结构性能分析[J]. 电网技术, 2011, 35(11):1-6.

[27] Shinde D, Yadav Y, Sontakke B, et al. IoT based smart energy meter[J]. Journal of Trend in Scientific Research and Development, 2017, 1(6):1511-1153.

[28] Gao X, Diao X, Liu J, et al. A Multi-classification Method of Smart Meter Fault Type Based on Model Adaptive Selection Fusion(Article)[J]. Dianwang Jishu/Power System Technology, 2019, 43(6):1955-1961.

[29] Morello R, DeCapua C, Fulco G, et al. A Smart Power Meter to Monitor Energy Flow in Smart Grids: The Role of Advanced Sensing and IoT in the Electric Grid of the Future[J]. IEEE Sensors Journal, 2017, 17(23):7828-7837.

[30] Cheng Z Q, Kang L, Cheng Y. Smart power meter system based on ZigBee[J]. Advanced Materials Research, 2013: 860-863.

[31] Cunha V C, Freitas W, Trindade F L C, et al. Automated Determination of Topology and Line Parameters in Low Voltage Systems Using Smart Meters Measurements[J]. IEEE Transactions on Smart Grid, 2020, 11:5028-5038.

[32] Albu M M, Sanduleac M, Stanescu C. Syncretic Use of Smart Meters for Power Quality Monitoring in Emerging Networks[J]. IEEE Transactions on Smart Grid, 2017, 8(1):485-492.

[33] Gungor V C, Sahin D, Kocak T, et al. Smart grid and smart homes: Key players and pilot projects(Article)[J]. IEEE Industrial Electronics Magazine, 2012, 6(4):18-34.

[34] Angrisani L, Bonavolontà F, Liccardo A, et al. Smart power meters in augmented reality environment for electricity consumption awareness[J]. Energies, 2018, 11(9):2303-2320.

[35] Wegierek P. The temperature effect on measurement accuracy of the smart electricity meter[J]. Przeglad Elektrotechniczny, 2016, 1(8):150-152.

[36] Shen S, Wang C. An intelligent electricity meter RFID receiving system based on the Internet of things cloud platform[C]//Proceedings of 2018 2nd International Conference onApplied Mathematics, Modelling and Statistics Application (AMMSA 2018), 2018:323-325.

[37] Yu G, Wang S, Wei S Q. Managing and analyzing big error data for intelligent electric energy meter quality monitoring[R]. International Conference on Power Engineering& Energy, Environment (PEEE 2016), 2016.

[38] Shen S, Wang C. An intelligent electricity meter RFID receiving system based on the internet of things cloud platform[R]. Proceedings of the 2018 2nd International Conference on Applied Mathematics, Modelling and Statistics Application (AMMSA 2018), 2018.

[39] Wang X W, Chen J X, Yuan R, et al. OOK powermodel based dynamic error testing for smart electricity meter[J]. Measurement Science and Technology, 2017, 28(2):025015.

[40] Adamo F, Berni R, Nisio A D, et al. Optimization of ADC channels of a smart energy meter including random noise effects[J]. Quality and Reliability Engineering International, 2015, 31(7):1209-1222.

[41] Zhang S T, Zhang M Z, Li X. Detection and communication of the intelligent electric meter[J]. Applied Mechanics and Materials, 2013, 2491(336-338).

[42] Fan X Y, Zhou C, Sun Y, et al. Research on remote meter reading scheme and IoT smart energy meter based on NB-IoT technology[J]. Journal of Physics: Conference Series, 2019, 1187(2):022064.

[43] Orlando M, Estebsari A, Pons E, et al. A Smart Meter Infrastructure for Smart Grid IoT Applications[J]. IEEE

Internet of Things Journal, 2022, 9(14):12529-12541.

[44] Li N, Tong G H, Yang J C, et al. Reliability prediction approaches for domestic intelligent electric energy meter based on IEC62380[J]. IOP Conference Series: Earth and Environmental Science, 2018, 108(5):052030.

[45] Anand D, Seethalakshmi R. Energy conservation and energy theft detection using intelligent energy meter in cloud computing environment[J]. International Journal of Applied Engineering Research, 2014, 9(12):1801-1813.

[46] Sabat S L, Nayak S K, Mahapatra S. WNN based intelligent energy meter[J]. Measurement, 2008, 41(4):357-363.

[47] Suriyakala S D. Sakaranarayanan P E. Spread spectrum techniques for an intelligent energy meter[J]. International Journal of Business Data Communications and Networking (IJBDCN), 2007, 3(3):57-68.